生态乡村规划理论与实践
——以川西北地区为例

陈　娟　何云晓　熊英伟　等　著

科学出版社

北京

内 容 简 介

本书以国家实施生态文明建设与乡村振兴战略为契机，聚焦生态服务功能极为重要的川西北地区的城乡建设，以生态乡村理论与实践案例为支撑，阐述生态乡村的发展历程、生态乡村的分析与评价、生态乡村的目标定位与发展模式、生态网络与生态安全格局的构建以及生态乡村的生态空间、农业空间、生活空间规划和基础设施与公共服务设施规划。

本书可供城乡规划、资源与环境、园林与风景园林等方面的研究人员及高校师生参考使用。

审图号：川 S（2022）00039 号

图书在版编目（CIP）数据

生态乡村规划理论与实践：以川西北地区为例/陈娟，何云晓，熊英伟 等著. —北京：科学出版社，2022.11

ISBN 978-7-03-073431-0

Ⅰ. ①生… Ⅱ. ①陈… Ⅲ. ①乡村规划—生态规划—研究—四川 Ⅳ. ①TU982.297.1

中国版本图书馆 CIP 数据核字（2022）第 191050 号

责任编辑：肖慧敏 / 责任校对：彭 映
责任印制：罗 科 / 封面设计：墨创文化

科 学 出 版 社 出版
北京东黄城根北街 16 号
邮政编码：100717
http://www.sciencep.com
成都锦瑞印刷有限责任公司 印刷
科学出版社发行 各地新华书店经销
*
2022 年 11 月第 一 版 开本：787×1092 1/16
2022 年 11 月第一次印刷 印张：12 1/2
字数：297 000
定价：198.00 元
（如有印装质量问题，我社负责调换）

前　言

乡村的可持续发展是全球各国共同关注的热点问题。中国是一个以农业为主体的发展中国家，农村和农业的现代化是整个国民经济建设现代化的基础。当前，生态文明建设和乡村振兴战略已成为我国推进乡村高质量发展的重要方略。坚持生态文明发展观，建立生态乡村是促进乡村振兴和未来可持续发展的重要途径。生态乡村重视对乡村环境、景观格局和生态功能的提升。生态乡村规划和建设必须关注乡村面临的生态问题，优化和重构乡村生态系统结构与功能，促进乡村可持续发展。

本质上，城市和乡村均是一个典型的社会-经济-自然复合生态系统。乡村生态学研究乡村生态系统的结构与功能特征、演变规律、科学规划与管理。然而，乡村生态学研究并不如城市生态学研究系统和深入，其多为有关生态农业和乡村旅游等的片段化案例研究，缺乏从国土空间规划和生态安全视角对乡村生态系统进行整体分析和研究，这制约了生态乡村建设，不能满足乡村振兴战略和生态文明建设的要求。基于此，作者所在的研究团队结合多年从事的乡村规划理论与实践研究，响应国家生态文明建设与乡村振兴发展需求，并将两者进行融合，立足于川西北地区作为国家重要生态屏障区和生态敏感区所具有的特殊生态禀赋，编写了《生态乡村规划理论与实践——以川西北地区为例》一书。本书从乡村生态学理论和国土空间规划的角度，从系统思维、生态策略和技术方面，提出生态乡村规划和建设路径。全书共分为九章，内容包括国内外生态乡村规划研究进展，生态乡村的分析与评价、目标定位与发展模式、生态网络和生态安全格局构建以及生态空间、农业空间和生活空间的规划等。本书从理论和实践方面探讨了生态乡村的建设路径，不仅有理论知识的梳理，同时也提供了较为丰富的案例，书中部分章节参考了当前国土空间规划的相关要求，在实践层面上更是具有操作性，可为川西北生态乡村建设和同类乡村规划提供借鉴和参考。

本书得以顺利完成是作者团队共同努力的结果。主要负责本书撰写的有陈娟、何云晓、熊英伟和张宴铭，参与撰写的有朱兵、韩剑萍、杨雪婷、江潮、崔勇彬、甘廷江、韩周林、蒙宇、何丹、宋晓霞、姜婷，参与资料收集和整理的有方玲、林玉虎、陈浩、杨厚天、田超悦、温馨和陈静等，感谢所有团队成员的辛勤付出！感谢川西北乡村人居环境建设四川省高校工程研究中心的支持！感谢国家自然科学基金项目（42001173）、四川省科技厅项目（2022NSFSC1019）、四川省教育厅项目（JY2017A01）和绵阳师范学院学术著作出版基金的资助！

　　本书虽已完成，但仍有许多不足之处，敬请业内专家、同行和读者批评指正。作者将结合意见，推进未来的相关研究，充实和完善相关内容，以期对生态乡村的理论研究和实践有所裨益。

陈　娟

2022.2.26

目　　录

第1章　生态乡村概述

1.1　乡村和乡村生态系统

1.1.1　乡村的概念

1. 乡村的基本概念

乡村（rural）是在地理景观、社会组织、经济结构、土地利用、生活方式等方面都与城市有明显差异的一种地域系统，该系统具有特殊的地域边界，主要位于城市之外的乡镇行政范围。"城""乡"是两个相对的概念（Antrop，2000），具有统计学、地理学和经济学意义，并因不同国家而异。经济合作与发展组织（organization for economic cooperation and development，OECD）定义乡村社区和城市社区时以人口密度 150 人/km² 为界限，分为显著乡村地区（predominantly rural regions），即 50%或以上的人口居住在乡村社区；中间地区（intermediate regions），即 15%～49%的人口居住在乡村社区；显著城市地区（predominantly urban regions），即少于 15%的人口居住在乡村社区。而在亚洲大多数国家，500 人/km² 才是"乡"与"城"的分界线，"乡"意味着农村，或经济上依赖耕作和农业的过着乡村生活的人群；对应地，"城"意味着与乡村生活截然不同的经济上依赖工业和服务业的人群。

与乡村关联的概念有村庄、农村和农村聚落等。村庄是一个以自然和居住为基础的文化经济共同体，它是一个相对的概念，在《现代地理学词典》中被解释为非城市化地区。村庄长期以来被自然环境和农业生产环境所包围，是维持人与自然生态环境平衡的重要中介环节（王德刚，2013）。在《现代汉语词典》（第 7 版）中，农村是指以从事农业生产为主的人聚居的地方。农村地理学家休·克洛特（Hugh Clout）认为，农村地区是人口密度小、田园特色明显的地区（王云才，2014）。德国和法国将常住人口少于 2000 人的居住区列为农村地区；美国将常住人口少于 2500 人的居住区列为农村地区；苏联指定的农村居民点人口不到 2000 人，农业人口比例超过 1/3 或 1/2。1988 年，中国学术界将常住人口在 2500 人以下、非农业人口不超过 30%的居民区称为农村地区。对于城市来说，农村是一个社会区域的总称，包括村庄、集镇和其他不同规模的定居点，是农业生产者生活和从事农业生产的地方。随着城乡一体化发展，其内涵不断衍生，农村地区不仅有农业生产，还有其他产业。农村的社会学概念是指农村聚落。根据聚落的发展过程和阶段，农村聚落包括单户聚落、村落聚落和集镇聚落。农村聚落作为农村居民共同生活的场所，是由多种物质要素构成的综合性实体，能够满足农民的生产、生活和精神文化需要。周道玮等（1999）定义村落为以一定年龄结构、一定数量的人口或人群为基本特征，以户为组成单位，以土地为经营对象，以相应的生物为主要价值资源的人类聚居的空间单元。

张小林（1999）总结了农村的社会学和经济学主要特点：一是在农村社会生活中，社会交往多为直接的面对面交往，人与人之间的关系密切，社会生活以家庭为中心，家庭和血缘观念更强，农村社会行为规范相对单一，风俗道德影响较大；二是居民以从事农业生产活动为主要谋生手段，经济活动简单；三是农村地域辽阔，人口少、人口密度低，变化缓慢，相对封闭保守；四是农村的物质文化设施落后于城市，农村居民的物质文化生活水平普遍低于城市居民。在社会学和经济学意义上，农村和乡村的概念几乎是通用的。

乡村建设涉及社会经济学、农学、生态学（ecology）和建筑学等多个学科，形成了乡村地理学、乡村聚落学和乡村生态学（rural ecology）等分支学科。乡村地理学研究乡村聚落的形成、功能构成、发展体系及空间分布规律，是探究乡村地区社会经济、人口、聚落、文化、资源与环境问题的学科（杨忍等，2020）。20 世纪 70 年代以来，乡村地理学的研究呈现多元化，主要关注人地关系、乡村重构、社会变迁、土地利用与乡村制度等，从功能研究发展为对政治经济和社会建设的研究。乡村聚落学是研究乡村聚落形成、发展以及分布规律的学科（王恩涌等，2000）。乡村聚落学的研究主要包括乡村聚落生态研究、乡村聚落空间研究和乡村聚落景观研究三个方面（何仁伟等，2012）。乡村生态学则基于生态学的研究视角，运用定量化和空间分析技术探究乡村生态系统生产、生活和生态空间的特征、布局、演变动态和生态服务功能等问题，以为乡村自然资源利用和空间布局提供理论依据（何念鹏等，2002）。

国内外学者开展了一系列关于乡村空间分布、演变及布局优化的研究。Bournaris 等（2014）运用多因素模型对影响农村居民点布局特征的政策因素进行研究，并预测了居民点布局对希腊郊区居住区发展的影响。李峰和张梦然（2021）从乡村振兴视角揭示了乡村社区居住空间特征及营建策略。田光进等（2003）通过单元自动机与人工神经网络模型对我国农村居民点进行区划，并分析了其用地变化的时空格局特征，指出农村居民点用地受区域位置、经济发展和国家政策影响。师满江等（2016）利用 GIS（geographic information system，地理信息系统）空间分析、景观格局指数与多元线性回归分析对干旱区绿洲农村居民点的景观演化特征及驱动机制进行了研究。孔雪松等（2014）基于点轴理论构建了农村居民点布局，并将居民点用地空间划分为城镇型、内部改造型、迁村并点型 3 种类型，规划引导居民点合理布局。这些乡村理论和实践研究都为我国乡村规划和建设提供了重要的借鉴和科学依据。

2. 乡村的类型

根据不同的行政管理与建设目标需要，依据不同的地域特点，可以多层面、多视角地对乡村进行类型划分（图 1-1）。

（1）按照行政范畴可将乡村划分为行政村和自然村。行政村是指行政建制上的村庄，主要侧重于管辖范围，是我国行政区划体系中最基层的一级，设有村民委员会等基层群众性自治组织；自然村是指一定空间内聚集而成的自然村落，主要侧重于集聚空间，是村民日常生活和交往的单位，而不是社会管理单位。二者的区别不在于规模的大小，而在于行政建制的差异。其中，行政村又可分为中心村和基层村。中心村是指在区域空间中能服务于周围地区且有较大范围的工农业生产、家庭副业的乡村聚集点；基层村是指自然形成的农民聚居点，它具有小规模的公共服务设施、农民聚居点和农业生产点等。

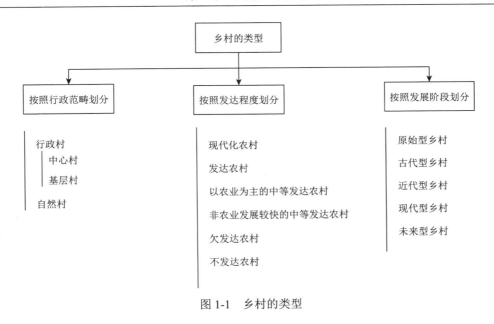

图 1-1　乡村的类型

（2）按照发达程度可将乡村划分为现代化农村、发达农村、以农业为主的中等发达农村、非农业发展较快的中等发达农村、欠发达农村、不发达农村 6 类。

（3）按照发展阶段可将乡村划分为原始型乡村、古代型乡村、近代型乡村、现代型乡村和未来型乡村（王德刚，2010）。

1.1.2　乡村生态系统

1. 乡村生态系统的结构

生态学是研究生物有机体与生境相互关系的学科。"乡村"和"生态学"的有机结合是乡村生态学的基础。城市生态学研究城市环境与人的相互关系，而乡村生态学则关注乡村自然和人文环境与人们生产、生活和行为的相互关系，在研究内容上与城市生态学形成了交叉和互补。乡村生态学的概念在 20 世纪七八十年代作为乡村社会学、乡村地理学和人类生态学的研究方向和领域被提出（Bayliss-Smith and Feachem，1977；Buttel，1980；Morren，1980），我国学者周道玮等（1999）定义乡村生态学为研究村落形态、结构、行为及其与环境本底统一体关系的生态学分支学科。村落除具有空间和生命特征外，还受到特定的非生物环境、社会经济因素的影响和制约，具备生态系统的特征。乡村生态学针对"村落"这一具有生命特征的景观单元，研究其自身发展变化与环境的相互关系，故乡村生态学也可称为村落生态学（village ecology）。何念鹏等（2002）提出了乡村生态学的研究体系、研究尺度和等级特征。然而，自乡村生态学的概念出现后，其研究并不如城市生态学研究系统和深入，多为生态农业、有机农作和乡村旅游等的片段化案例研究，缺乏对乡村生态系统的系统分析和规划。本书所指的乡村生态学，是研究乡村生态系统结构与功能特征、演变规律、科学规划与管理的学科。乡村生态系统是乡村环境与生物（包括人类）相互影响和作用的有机体，由乡村境域的自然要素和社会要素构成。自然要素包括乡村地区的山地、农田、森林、草地、湿地和水域等，社会要素包括人工建造的村庄、建筑物、道路等基础设施以及乡村历史和文化等。生态学中生态系统的构成可分为生物和其生存的环境，生物又可分为生产者、消费者和分解者。在乡村生态系统中生产者指的是农田中的各种农作物、天然和人工林草等植被，消费者是指乡村居民和生活于乡村范围内的各种动物，分解者是指能促进乡村土壤养分循环和各类有机物质分解的动物和微生物种群。乡村生态系统中的自然环境要素包括阳光、空气、水分、土壤和矿物质等，人工环境要素包括人们在生产和生活中建造的建筑物、道路等原来自然界中并不存在的环境要素等。

本质上，城市和乡村是一个典型的社会-经济-自然复合生态系统。乡村生态学是一门交叉学科，涉及经典生态学、景观生态学、经济学和社会学等学科的交叉与融合。乡村生态学将生态学理论和方法应用于乡村生态系统结构和功能研究，从时间和空间尺度研究乡村生态系统特别是城乡交界面的物质、能量、信息、价值和人力资源流，揭示乡村生态系统结构和功能的关系，阐释乡村面临的生态问题，以期推动乡村生态规划，促进乡村生态建设和可持续发展。

2. 乡村生态系统的功能

除一般的生态系统共有的物质循环、能量流动和信息传递三大"内在"功能之外，乡村生态系统还具有以下几种"外在"功能。

1）生态服务功能

欧阳志云（1999）将生态服务功能定义为生态系统和生态过程形成和维持所需要的自然环境条件和所发挥的效用。乡村生态服务功能是指乡村生态系统为保障区域生态安全，提供气候调节、水土保持、环境净化、污染物分解、新鲜空气和清洁水源供给等生态服务，其可从生态系统支持服务和调节服务两个方面来描述（陈雅珺，2016）（表1-1）。中国乡村不仅生产了世界上最多的粮食和各种农产品，同时还发挥着巨大的生态服务功能，对国家的生态安全具有重要意义。近年来，我国提出既要重视农村经济的发展，又要保证生态服务功能水平的提高。从生态学角度看，乡村各种生态服务功能的价值已经远远超出了传统经济学的范围。随着城乡经济的快速发展和生态文明建设的推进，生态系统服务功能价值的重要性更加突出（刘崇刚等，2020）。乡村作为协调人与自然关系的重要功能区，与城市相比，具有更多的"健康""绿色"和"生态"特征，拥有更广阔的绿色开放空间，在空气净化、气候调节和水资源保护等方面具有重要的生态服务功能，是确保区域高质量持续发展不可或缺的组成部分。

表 1-1　乡村生态系统的支持服务和调节服务功能（陈雅珺，2016）

服务功能	类型	描述
支持服务	水土保持	减少土壤侵蚀
	养分循环	养分在乡村生态系统内部各组分之间及系统之间传递
	生物多样性	维持乡村生态系统中野生动植物的多样性，包括基因多样性、物种多样性、生态系统和景观的多样性等
	栖息地保护	为乡村生态系统中的野生动植物提供生存的空间与环境，减少对生物多样性的破坏

续表

服务功能	类型	描述
调节服务	气体调节	通过向大气中释放和吸收化学物质调节大气循环（如碳循环、氧循环、氮循环等）过程，维持空气质量
	气候调节	通过物质循环和能量流动过程对乡村局部地域及全球气候产生影响，包括气温、降水、温室效应等
	净化环境	改善乡村生态环境，净化水质，处理和转化废弃物
	水文调节	通过水循环过程调节地表径流、地下水、洪水以及蓄水层的补给，改变生态系统储水潜力
	灾害调节	包括对干旱、洪涝等自然灾害的调节

2）生产功能

物质生产是乡村生态系统的重要功能。乡村生态系统的生产功能不仅维护了自然生态系统，同时也为人们提供了初级和次级产品，维持了人类社会的生存和发展。乡村的物质生产不仅能满足系统内乡村居民的生活需求，而且也是城市生态系统发展的物质基础（杨小波，2008）。中国乡村生态系统用占世界 7%的耕地养活了占世界 22%的人口。乡村生态系统强劲的生产能力，不仅保证了城乡人口的基本生活需要，同时也为相关工业生产提供了大量的原材料，构成了我国社会经济快速发展的重要物质基础。

3）生活功能

乡村生态系统主要支撑长期居住在乡村地区的居民的生活需求，但随着现代社会的发展，越来越多的城市居民也长期居住在农村。据相关统计，中国农村人口占全国总人口的比例逐年下降，但同时也有较多的城市居民在乡村创业和生活。调查显示，86.1%的老年人渴望在农村养老（黄国勤，2019）。乡村养老是一种基于乡村休闲产业和自然资源优势的养老模式，由政府、社区、家庭和个人共同参与，能够使老年人享受住房、医疗、农业休闲旅游、娱乐文化等方面的产品和服务。在未来，越来越多的城市居民将在乡村地区生活，乡村生态系统不仅服务于村民，也将服务于长期定居乡村的城市居民。

4）文旅功能

在乡村境域内，生态旅游模式将自然环境资源、农业文化以及生产活动、科技示范与科普教育、采摘观光与休闲养生等活动融为一体，体现了乡村生态系统的文旅功能。深入挖掘乡村独具特色的自然资源以及丰富的文化遗产，形成旅游发展驱动力，能增加村民收入和改善生态环境，充分发挥乡村文旅的经济、生态以及社会效益。一般来说，在乡村景观中可以开发三种类型的旅游资源：①农业旅游资源，如瓜果采摘体验、农事体验，让游客体验农耕、感受农趣；②自然旅游资源，自然景观是乡村景观的优势，新鲜的空气、金色的麦田、潺潺的流水、宁静的星空等，能吸引长期生活在喧嚣中的都市人亲近自然和融入自然；③文化资源，中国幅员辽阔，资源丰富，民族众多，有各种各样的传统节日文化、地方习俗和建筑形式，以及具有地域和民族特色的生活方式。此外，还可以基于上述三种旅游资源发挥乡村生态系统的教育功能，举办农业历史展览，开展农业生产经验和生态科普教育，培养社会公众热爱乡村、保护乡村环境和传承乡村优秀文化的意识和理念。

1.2　乡村发展历史沿革

1.2.1　我国乡村的发展演化特征

我国乡村历史悠久，早在远古时期，随着农业及畜牧业的发展，农业和畜牧业开始分离，以农业为主要生计的氏族定居下来，并出现了真正的乡村，如陕西半坡遗址。原始社会末期，随着生产力的发展和第一次社会分工的出现，农业与其他社会产业分离，人们利用流域地区的土地和简单的生产资料创造了丰富的生活资料，农业逐步从移民农业向定居农业过渡。最初的村庄是临时的和流动的，随着生产的发展和生活条件的改善，人们逐渐在某一地区定居下来，并形成了一个相对稳定的群体聚落，即乡村。

乡村在人类早期的生产和生活过程中起着重要的作用。首先，乡村充分利用集体力量，把村民凝聚在一起，较好地达到了发展生产和方便生活的目的；其次，乡村在发展之后，在乡村区域建立了经济和文化联系，加快了区域内生产力的发展。村庄形成后，不同地区之间的生产和粮食交换联系得更加密切。村庄是人们不断适应环境并与环境作斗争的结果。在漫长的岁月里，乡村文化逐渐发展、积累和传承。随着生产力的发展及政治体制、经济体制的改革，我国乡村的规模、空间结构等不断发生变化（聂紫阳，2018）。总体上，我国乡村的发展大致可分为以下几个阶段。

1. 自然经济发展阶段

该阶段是指从原始社会至清末之前，这个时期我国乡村生产力水平较为低下，社会分工程度较低，产业基本上是以传统农业和家庭手工业为主，农户大多保持着自给自足的状态，商品经济成分占总经济成分比例较低。在这种小农经济条件下，自然村落成为乡村主要的形式，其中大多数是以血缘和亲缘关系为纽带的家族群体聚居形成的宗族村落（艾大宾和马晓玲，2004）。这种村落往往以宗族祠堂为中心进行空间布置，较为封闭，与外界的联系较少。

2. 商品经济萌芽阶段

鸦片战争后，外国资本主义的入侵使我国长期存在的自然经济解体，第二产业、第三产业发展加快，同时以集镇为基础形成的基层市场出现，它为农产品和手工业品的销售提供了场所，某些乡村居民点在商品经济发展过程中成为周围村落的中心，最后逐渐演化为城镇。基层市场为村民的广泛交流、各种团体与组织的形成提供了场所，使得乡村空间逐步扩大，开放性逐渐增强。

3. 农业集体经济发展阶段

该阶段是指从20世纪中叶至改革开放前夕，这一时期我国农村经历了土地改革、农业合作化、人民公社等一系列社会运动，土地的所有制从封建私有制变更为集体所有制。以生产队为基础的人民公社统一管理个人的劳动、生活，传统的宗族血缘群体因受到冲击而逐渐解体，乡村社会的融合性不断增强，此时的乡村社会表现为一种行政性的社区体系，在结构上具有封闭性、等级性特征，社区间的联系更多地体现为基于行政隶属关系的纵向联系，而横向联系较少（艾大宾和马晓玲，2004）。

4. 商品经济和市场经济发展阶段

20 世纪 70 年代末，我国农村逐渐以家庭联产承包责任制替代人民公社制度。20 世纪 90 年代初，市场经济初步确立，它解放了农村生产力，农民的生产经营自主权得以恢复，农民成为相对独立的商品生产者和市场经济主体，农村居民开始分化为农业劳动者、农民工、个体工商户、私营企业主等不同的群体，部分农村居民转变为城镇居民，农村居民的社会地位、经济收入、价值观念、生活方式逐渐发生变化，乡村进一步开放，乡村建筑由院落组合向独门独户转变。同时，乡村模式也由原先较为单一的农村社区模式逐渐演变为农村社区与小城镇社区并存的模式，并且城乡联系不断加强。

5. 市场经济蓬勃发展阶段

随着市场经济的蓬勃发展，我国城乡二元结构逐渐显现。2008 年，随着《中华人民共和国城乡规划法》的施行，原来的城乡二元法律体系被打破，城乡规划步入一体化的新时代，乡村规划被列入规划体系。为了缩小城乡差距，改善乡村居民的生产生活条件，国家又提出了建设"社会主义新农村""美丽乡村""幸福美丽新村"等方针政策。另外，党的十九大报告首次提出乡村振兴战略，即通过坚持农业农村优先发展、建立健全城乡融合发展体制机制和政策体系以及加快推进农业农村现代化等主要路径来实现乡村振兴。

1.2.2　我国乡村发展中的问题

我国乡村历史悠久、分布地域广，乡村发展面临人地关系不协调、基础设施建设滞后、建房无序、文化底蕴缺乏、环境被污染和生态被破坏等问题。2021 年国民经济和社会发展统计公报数据显示，全国常住人口城镇化率为 64.72%，而户籍人口的城镇化率仅为 46.70%左右，仍低于发达国家的平均水平（80%），这表明中国仍有很大的乡村发展空间。

1. 乡村环境污染日益严重

近年来，农村生活垃圾与日俱增且大多露天堆放，严重污染了空气和水环境。农村地区缺乏污水处理设施，生活污水一般不经处理直接排放，同时农村地区村庄布局混乱，缺乏完善的基础设施，导致农村环境污染不断加剧，其中农药、兽药、化肥、人畜粪便、农用薄膜等引起的污染不容忽视。

2. 生态服务功能减弱

乡村生态系统在调节气候、保护水源、为城市生态系统提供清洁水源和新鲜空气方面发挥着重要作用。但是，随着农村生态用地比例的不断减小，原始森林的大量砍伐，草地的过度利用，湿地面积的不断减小，乡村生态系统抵御自然灾害、缓冲和自我恢复的能力下降，系统的生态服务功能减弱（马永俊，2007）。20 世纪末，中国许多自然灾害的发生频率和强度增加，经济损失增大，其中一个重要原因就是对原始天然林的肆意破坏。根据中华人民共和国生态环境部发布的《2021 中国生态环境状况公报》，2021 年全国发生地质灾害 4772 起，主要林业和草原有害生物发生面积 6435.32hm²[①]，森林和草原火灾受灾面积 8462.00hm²，其中大部分发生在乡村，并对乡村生态系统造成了严重破坏，降低了其生态服务功能水平。

3. 劳动力转移现状不容乐观

我国作为一个农业大国，劳动力数量巨大，尤其是农村劳动力待转移数量巨大，转移形势复杂。我国农村劳动力转移的现状：①东、中、西部地区劳动力转移和就业存在空间差异，转移渠道单一；②劳动力转移方式以转变为农民工为主，他们多从事劳动力密集型行业的体力劳动和非技术性工作，缺乏相应的职业技能培训，工作环境条件差，安全保障系数低；③农村劳动力转移成本高。

4. 土地的集约程度与综合利用率低

首先，"空心村"现象极为严重。大多数村庄建设往往是旧宅不拆就另选地基建新房，村中大量的旧宅基地闲置，且没有及时退耕还田。同时，村庄建设一味地向外扩展而没有任何规划，村民们大拆大建，存在严重的土地资源浪费现象。其次，村办企业分布分散、管理粗放，并且存在着重复建设的问题，占用了大量的土地资源。最后，村庄布局混乱，规模偏小。当前农村的居住模式大多为"居民点 + 责任田"的模式，村民就近劳作和种植，这就导致农民的住宅分布分散，土地资源浪费现象严重，不能高效集约地利用土地。

5. 公共服务与基础设施配套建设滞后

近年来，我国农村公共服务及基础设施建设取得了重大进展，全国兴建了一大批农田水利工程，农村"村村通"工程取得了一定成绩，全国文化站、中小学校、医疗卫生服务机构等公共服务机构也进一步增多。但是我国农村公共服务设施、基础设施仍存在着不完善、地区差异较大等问题，如我国中东部地区农村的公共服务设施及基础设施较为完善，西部地区农村由于资金、地理环境等因素，存在道路交通、电力电信等基础设施不完备，以及居民看病难、受教育难等问题。

6. 文化特色的遗失

目前，我国政府对乡村文化建设的支持力度进一步加大，使得为农民服务的公共文化资源总量有了很大的增加，农民自办文化也有了很大的发展。但是乡村文化事业的发展依然存在很多问题，如乡村地理区位的不同使得各乡村地区的文化设施建设很不平衡，大量

---

① 1hm² = 10⁴m²。

的村民进城务工和买房,导致形成了众多的"空心村",村庄的民俗风情和建筑风貌逐渐消逝,城乡建设没有充分挖掘农村的特色文化导致出现"千村一面"的现象等。

1.3　生态乡村的定义和特征

1.3.1　生态乡村的定义

在国外,最为被广泛接受的生态乡村概念是由美国学者吉尔曼于 1991 年在研究报告《生态乡村与可持续社区》中提出的,具体来说,即以人为本的生态乡村,可将人类活动与住房融为一体,其不损害自然环境,可促进资源的健康开发和利用,在未知的未来能实现可持续发展(李响,2016)。全球生态乡村网络(global ecovillage network,GEN)认为,生态乡村包括生态、社区、经济和文化四个方面的内容,指通过本地自主参与的方式,全面整合经济、自然、文化与社群等可持续发展要素进行设计,进而促进社会进步与生态再生。我国生态乡村的建设实践一直在逐步推进,生态乡村的概念也在不断拓展和完善,目前普遍认为生态乡村是在一定的自然和社会环境下,通过生态改造和建设形成的乡村景观,它有一套完整的理念以及技术、规划和管理体系,代表着村庄未来的发展方向。生态乡村建设可为村庄转型和可持续发展提供良好的示范,促进我国广大乡村地区的生态文明建设和乡村振兴。

随着生态乡村建设实践的展开,我国生态乡村概念和内涵的演变可以分为以下三个阶段。

1. 雏形阶段

蔡士魁(1984)首次提出生态乡村的概念,并指出生态乡村的目标是在一个行政区域内,运用生态经济和系统技术,通过适当调整不同产业的份额,最终实现经济、生态和社会的和谐发展。范涡河等(1986)将生态乡村定义为从生产、加工到相应配套设施的建设和运营,在一定空间内形成的一个完整的生态系统。蔡士魁(1984)提出的生态乡村内涵侧重于循环经济的建设,而范涡河等(1986)提出的生态乡村内涵侧重于生态农业体系的建设,以及村庄基础设施的建设。

2. 拓展阶段

华永新(2000)认为,生态乡村是指在行政村范围内能够高效利用自然资源,促进物质循环,使生态效益、经济效益和社会效益协调发展的农业生态系统。翁伯奇等(2000)从实践的角度提出,生态乡村建设需要在区域内统筹规划(包括经济、社会、环境等方面的总体规划)和宏观调控,其正逐步走向系统化。

3. 完善阶段

现阶段,生态乡村的制度建设趋于完善,其概念和内涵也进一步深化。生态乡村一般被定义为一个典型且开放的多层次复合系统,强调在生态乡村建设中合理利用现代科学技术和系统工程，最终实现经济、社会和自然的可持续发展。生态乡村建设正逐步系统化，生态农业体系已成为生态乡村建设体系的一部分。生态乡村是在生态学理论和方法的指导下构建起来的，通过改善乡村环境，调整产业结构，提高人们的整体素质，使环境资源的开发与生态协调，实现资源的合理高效利用，确保乡村居民的生活健康和环境安全，促进乡村地区的可持续发展。

1.3.2　生态乡村的特征

目前，我国乡村生态的恶化已经成为制约乡村发展的瓶颈。生态乡村是实现农业、农村可持续健康稳定发展，农村社会、经济、生态环境统一协调发展的一种理想模式，它与一般的农村相比具有以下四个主要特征。

1. 以和谐和可持续发展为核心

和谐是世界的本质，也是人类永恒的主题。人与自然、人与人之间应当建立和谐的关系。目前，我国已经提出了"人与自然和谐共生"的目标，强调要加强生态环境建设，实现人与自然的和谐需要三种态度：①尊重自然的伦理态度；②拜自然为师、遵循自然之道的理性态度；③保护和拯救自然的务实态度。和谐是实现自然、经济、社会协调和可持续发展的前提和必要条件。可持续发展要求任何人类活动都不能违背自然发展规律，更不能打破生态系统的平衡，任何以牺牲生态环境为代价的发展都是不可取和不可持续的。

2. 以生态产业为经济发展主导

生态产业是根据生态经济原理和知识经济规律，以生态系统承载力为基础，具有高效生态过程及和谐生态功能的网格型、进化型和集团化产业。生态产业实质上是生态工程在各产业中的应用，可分为生态工业、生态农业、生态旅游业等（陈钦华，2009）。与传统产业不同，生态产业通过跨越初级生产部门、次级生产部门和服务部门，垂直结合生产、流通、消费、循环利用、环保建设，横向耦合不同产业的生产过程，将生产基地及周边环境纳入整个生态系统的系统化管理，寻求资源的高效利用和系统外废弃物的零排放。

3. 以生态工程技术为主要应用

生态工程技术已广泛应用于污水处理、绿色食品加工、农业等诸多方面，并取得了良好的效果。生态乡村建设中常用的生态工程技术包括畜禽养殖高效生态工程技术、节能生态工程技术、废弃物循环利用生态工程技术、污水净化与利用生态工程技术、农牧渔业混合生态工程技术等，这些生态工程技术很好地结合了乡村地区的特点，合理利用了自然资源，实现了物质和能源多层次、多途径的利用和转化，有效地提高了生产力。

4. 以建设生态文明的乡村社会为目标

建设乡村生态文化，提高乡村生态文明水平，是生态乡村建设的重要内容。提高劳动力整体素质是可持续发展战略的核心内容和重要保障。生态乡村的概念将有助于农村从社会-经济-自然复合系统的角度,寻求可持续发展的新途径和新方法。生态乡村是对生态文明村的继承和发展,生态文明是城乡建设的精髓。培养人们的生态文明意识,是生态乡村建设的基本要求。生态乡村要求人们自觉参与生态文明建设,建设生态文明的乡村社会和宜居环境。

1.4　生态乡村规划

1.4.1　生态乡村规划的特征

1. 总量控制、生态优先

在乡村建设过程中,我国提出过不同的乡村规划模式,如新农村建设、美丽乡村建设等。美丽乡村建设中所倡导的"美",包括五个方面的内涵:乡村生态美、乡村布局美、乡村生活美、乡村生产美和乡村风格美。美丽乡村建设因为这种"美"的特征而不同于新农村建设。由于"乡村生态美"这个要素的存在,乡村需要具有良好的生态环境作为支撑。在生态乡村规划建设的过程中,要坚持总量控制、生态优先的原则,尊重自然发展规律,确保生态用地得到保护,建设网络化生态体系。

2. 多规合一、统筹安排

在当前国土空间统筹规划的前提下,生态乡村要在各级国土空间规划的指导下,按照不破坏生态环境、不减少耕地数量、不增加建设用地规模的要求,将相关环境保护规划充分对接,合理布局产业发展和村镇建设,确定发展方向,统筹安排村庄环境保护、文化传承、产业发展、基础设施和公共服务设施、农村住宅建设空间等,以生态系统复合体的视角,统筹实现经济、生态和社会等多重效益。

3. 保护生态、传承文化

加强对各类生态保护区、文化历史景观、地质遗迹和水源保护区的保护。按照尊重自然、顺应自然的要求,加强对生态环境的保护和恢复。保护优质耕地、森林和农业文化,保留乡村独特的建筑风格、农业景观和地方文化。全面推进山水林田湖草综合整治,促进人与自然和谐共生。

4. 优化布局、节约集约

统筹安排村庄生产、生活和生态空间,优化乡村土地空间保护利用格局。结合旧村改造和新村建设,引导分散分布的农户适当集中,提高农村土地资源节约集约利用水平,寻找符合农村自身特点和发展要求的建设发展模式。在规划设计过程中,根据乡村经济发展方向和未来发展趋势,制定合理的规划建设标准,避免过度浪费资源;合理布局农村居住区建筑,促进"小规模+群体型+微田园+生态"建设格局的形成。

5. 体现民意、突出特色

以人为本是生态乡村规划的立足点。要尊重村民的主体地位，充分征求村民的意见，保障村民的知情权、参与权和监督权，把维护村民的根本利益、促进村民共同富裕作为出发点和落脚点；鼓励村民积极参与规划，引导村民积极参与乡村生态文明建设。乡村基础配套设施的设置，要统筹考虑不同群体的需求，充分利用村庄的自然环境和文化元素，营造具有地方特色的空间环境，突出当地的历史文化和乡村特色，打造生态宜居环境。总的来说，生态乡村在建设中要打造乡村生态景观，突出历史文化和民俗风情，延续乡村肌理，挖掘产业特色，形成乡村特色发展模式，实现乡村可持续发展。

1.4.2　生态乡村规划的内容

1. 分析评价

生态乡村规划的分析评价主要包括资源环境承载能力与土地适宜性评价，以及对上位规划、土地利用现状、资源和人口及经济社会现状、未来村域经济社会发展需求的分析等。通过分析评价，可明确规划需要解决的主要问题、目标和任务。开展具体分析时，可选取河流水域、水源地、公益林、耕地规模、耕地质量、种植结构、建设用地规模、人均建设用地、居民点集聚程度、交通通达性等相关控制因子进行定性或定量评价，以为引导村域空间优化重构打下基础。

2. 目标定位与规模确定

按照乡村振兴战略"产业兴旺、生态宜居、乡风文明、治理有效、生活富裕"的总要求，依据上位规划确定的类型，明确乡村发展定位，提出近、远期发展目标与策略，确定产业发展方向。确定山水林田湖草自然生态保护与开发模式，保障乡村生态环境质量。与上位空间规划充分衔接，确定村域公共服务与基础设施建设规模，确定各项规划控制指标（表 1-2）。

表 1-2　规划控制指标

指标	规划现状	规划目标	变化量/%	属性
常住人口数量/人				预期性
生态保护红线规模/hm²				约束性
农业标准化生产程度/%				预期性
人均拥有公共设施规模/m²				约束性
基础教育设施用地面积/(m²/千人)				预期性

续表

指标	规划现状	规划目标	变化量/%	属性
乡村安全饮用水普及率/%				约束性
乡村生活污水集中处理率/%				约束性
乡村生活垃圾无害化处理率/%				约束性
林地保有量/hm²				预期性
公共管理与公共服务用地/hm²				预期性

来源：《江油市方水镇白玉村乡村振兴规划（2020～2035 年）》，略有修改。

3. 村域国土空间总体布局规划

在上位国土空间规划指导下，按照自然生态不受破坏、耕地保有量不减少、建设用地规模不增加的原则，优化调整村域空间布局，划定生态红线、水域蓝线、永久基本农田保护红线和历史文化遗迹保护范围，统筹安排农村居民点、农村宅基地，以及各类园区和生产经营性建设用地、基础设施和公共服务设施用地、各类绿化用地的规模、布局、范围、走向等（图 1-2）。

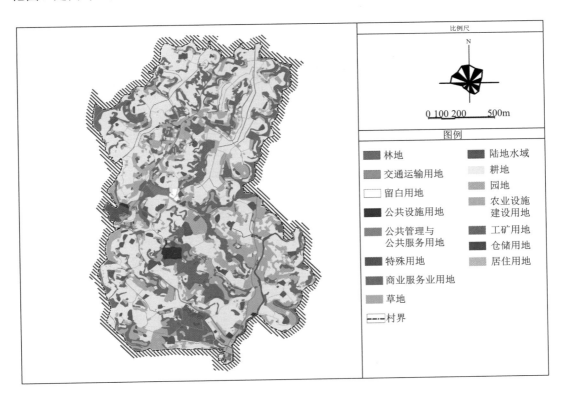

图 1-2　村域国土空间规划布局图

来源：《涪城区吴家镇三清观村村规划（2021～2035 年）》。

4. 自然生态保护与修复规划

按照划定的生态红线，进一步细分水源涵养地、生物多样性维护区、水土保持区及其他生态环境敏感脆弱区等，明确各类保护区的范围、管制规定和管控措施。针对村域自然生态存在的主要问题，明确生态修复的重点任务、具体措施和时限要求，构建以水系、林地、湿地等生态空间为主体的自然生态网络（图 1-3）。

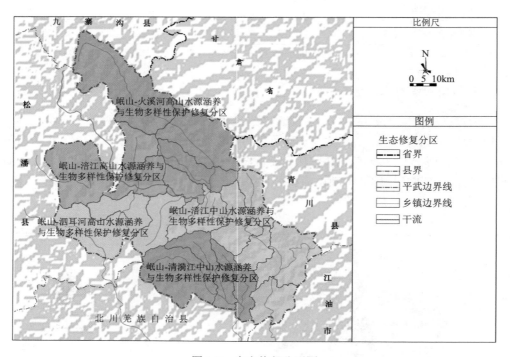

图 1-3　生态修复分区图

来源：《绵阳市平武县国土空间生态修复规划（2020～2035 年）》。

5. 耕地与基本农田保护规划

按照划定的耕地保护范围和永久基本农田保护红线，进一步明确保护要求和管控措施。对于用大比例尺调查发现的永久基本农田图斑内存在的非农建设用地或者其他零星农用地，应在村规划中优先整理并复垦为耕地。划定永久基本农田储备区（图 1-4）。

6. 产业与建设用地布局规划

结合自然资源禀赋等条件，按照农村一二三产业融合发展的原则，明确产业用地的用途、强度等，鼓励产业空间复合高效利用。根据总体布局确定农村居民点规模和布局，合理确定居民点和分散布局的农村宅基地的建设用地人均标准、建设要求和公共服务设施配套方式等。确定各类建设用地的边界及属性，提出各地块的土地使用强度管控要求（图 1-5）。

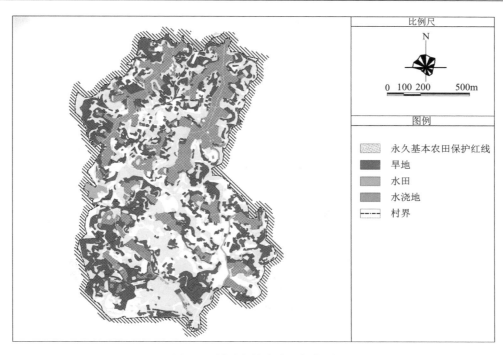

图 1-4　耕地与基本农田保护图

来源：《涪城区吴家镇三清观村村规划（2021～2035 年）》。

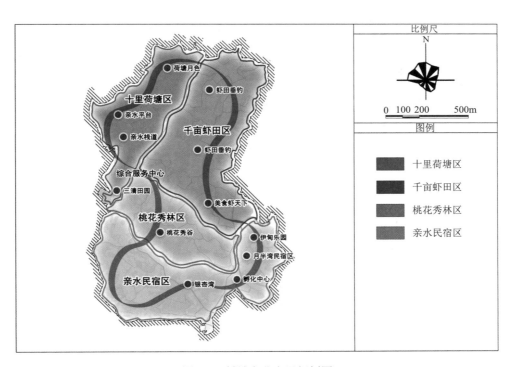

图 1-5　村域产业布局规划图

来源：《涪城区吴家镇三清观村村规划（2021～2035 年）》。

7. 土地整治与土壤修复规划

根据当地土地整治和土壤修复存在的问题，合理制定农用地整理、农村建设用地整理、未利用地开发、土地复垦与土地修复等的方案，引导聚合各类涉地涉农资金，发挥土地整治平台的作用。

1）农用地整理

将现状零星耕地、永久基本农田周边的现状耕地、可通过土地开发整理复垦成新增耕地的土地纳入重点整理区域，整理后耕地作为基本农田占用补划和动态优化的潜力地块。整理后耕地达到永久基本农田标准的，应被纳入永久基本农田储备区进行管理（图1-6）。

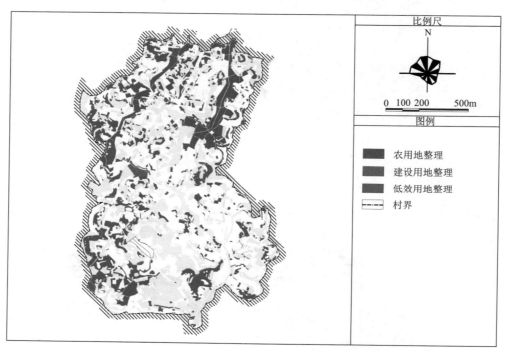

图1-6　土地整治规划图

来源：《涪城区吴家镇三清观村村规划（2021～2035年）》。

2）农村建设用地整理

将不予保留的各类破旧、闲置、散乱、低效、废弃的农村建筑和建设用地规划为非建设用地，并根据土地适宜性和周边土地利用情况，合理确定用途。适合复垦为耕地的，要优先复垦为耕地；周边主要为园地、林地的拆旧地块，以及地块破碎、坡度较陡、不宜耕作的土地，应相应恢复为园地、林地等。村内建设用地中的零星拆旧土地原则上留作公共空间，用于优化居住环境和公共服务。

3）未利用地开发

荒地、盐碱地、沙地等地块，应结合流域水土治理、农村生态建设与环境保护、滩涂及岸线资源保护等，因地制宜地确定其用途和管控措施。

4）土地复垦与土壤修复

对于生产建设活动和自然灾害损毁的土地，应按照适宜性原则确定土地用途。对于水土流失、土地沙化、土地盐碱化、土壤污染、土地生态服务功能衰退和生物多样性损失严重的区域，应提出具体的修复项目或措施。

8. 基础设施与公共服务设施规划

1）基础设施规划

根据村域国土空间总体布局，进一步明确基础设施和公共服务设施的建设标准、建设方式和具体的建设布点。①道路建设。确定村干道与各类过境通道的连接线，以及园区和生产经营性用地与农村居民点之间、农村居民点相互之间联络线的等级、宽度和建设标准；提出现有村道及其附属设施的改造措施；开展乡村旅游的村，应当确定公共停车场的布局和规模。②供水设施。确定供水方式、供水规模、供水水源，明确供水管线建设要求。③排水设施。确定村庄雨污排放和污水处理方式，提出污水处理设施建设的标准、规模与布局。④电力和通信设施。预测村庄用电负荷，合理确定供电电源，确定电力设施和通信设施的建设标准、建设布局。⑤环卫设施。按照分类收集、资源合理高效利用、就地减量的要求，合理确定生活垃圾收集处理方式，以及垃圾收集点建设布局。根据规划定位和农村居民点布局，合理布置公共厕所（图1-7）。

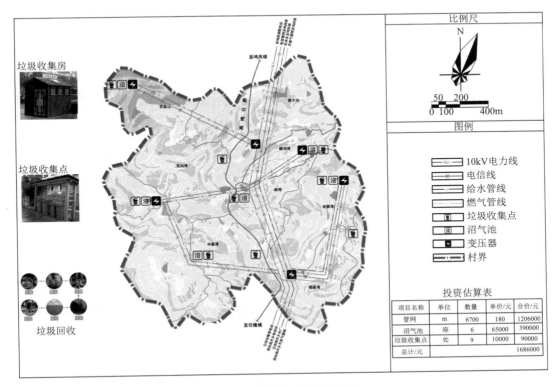

图 1-7　村域基础设施规划图

来源：《遂宁市高升乡黄莲山村规划及"幸福美丽新村"建设规划（2015～2020 年）》。

2）公共服务设施规划

根据实际情况，合理确定公共管理、文体教育、医疗卫生、社会福利等公共服务设施的规模与布局。公共服务设施的配置应符合居民点的实际需求，以及相关部门的规定（图 1-8）。

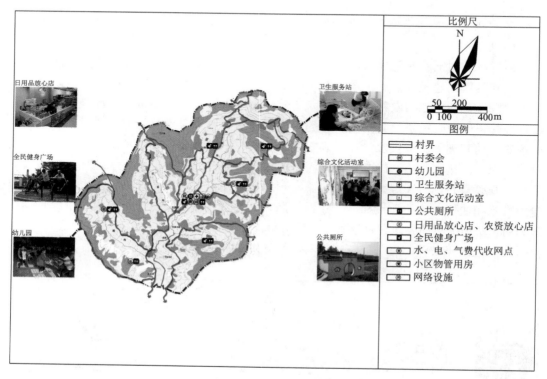

图 1-8　村域公共服务设施规划图

来源：《遂宁市高升乡门子垭村村庄规划（2015～2020 年）》。

9. 居民点建设规划

按照"一户一宅"的基本原则，根据规划确定的农村居民点布局与规模、人均用地标准和建设用地管控要求，结合当地村民生产生活方式，按照 1：500 的比例尺制定居民点集中建设规划。

1）总平面布置

结合当地地形地貌、村民居住习惯、地域文化、居民点空间发展脉络和肌理特征，合理确定居民点建筑总平面设计；提出公共空间的组织方式和建设要求；明确内部道路的建设标准和断面形式。

2）建筑方案设计

确定居民点建筑群的总体风貌定位；提出公共建筑的设计方案、农房户型设计方案及其组合方式，以及新建建筑的风格、色彩、选材要求，突出地方文化特色；明确危旧农房的改造措施、改（扩）农房的体量与风貌控制要求（图 1-9）。

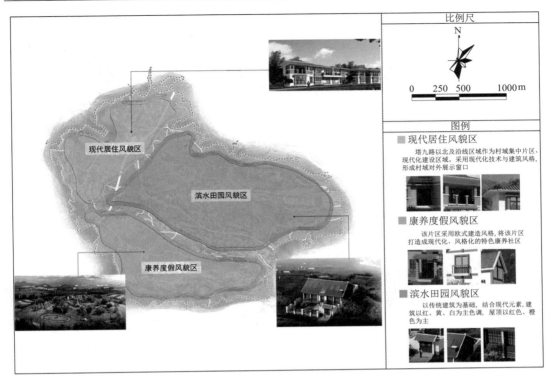

图 1-9　居民点建设规划图

来源：《江油市方水镇白玉村乡村振兴规划（2020～2035 年）》。

3）空间景观设计

提出保护居民点周边生态环境并使周边生态环境融入居民点建设的具体措施；明确主要道路、空间轴线、重要节点、环境小品的设计和建设要求；提出村口、绿地、广场、路侧、宅间和庭院等地段的绿化美化要求，突出生态型绿化和乡村生产性景观特征。

4）综合防灾设计

明确居民点综合防灾的原则和要求，确定防洪排涝、地灾防治和消防等防灾减灾的措施，以及相应设施的建设标准等（图 1-10）。

1.4.3　生态乡村规划的编制程序

乡村规划没有城市规划中复杂的交通组织和功能布局，但乡村规划中的基础设施完善、环境整治和公共空间重塑非常重要。制定乡村规划的主要过程是调查—指引—互动—改进—互动，其更加强调与村民的互动和村民的反馈，是以"自下而上"为主的协商过程。

生态乡村规划的编制主要分为三个步骤：第一步，收集资料；第二步，编制规划方案；第三步，规划成果上报与审批（图 1-11）。

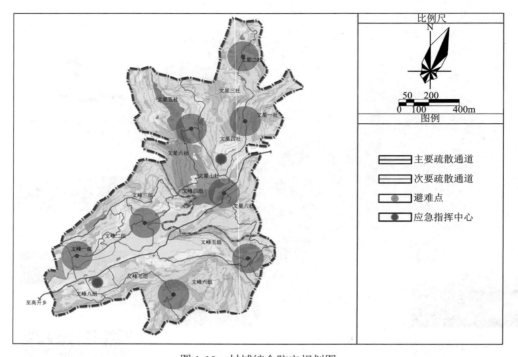

图 1-10　村域综合防灾规划图

来源:《遂宁市高升乡文峰村和文星村村庄规划(2015~2020 年)》。

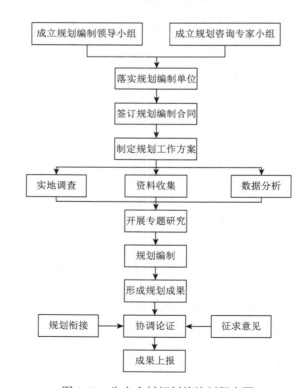

图 1-11　生态乡村规划的编制程序图

1. 收集资料

采取走访座谈、现场踏勘、问卷调查和驻村体验等方式开展实地调研，全面了解村域基本情况、现状特征、主要问题、发展诉求等，在综合分析判断的基础上明确规划目标和工作重点。现状调查主要包括如下内容。

1）社会经济

主要包括户数、户籍人口、常住人口、人口迁入迁出、人均纯收入、集体收入、主导产业、社会治理状况等。对旅游村的调查还应当增加旅游资源、旅游人次、旅游周期、旅游收入等有关内容。

2）自然环境

主要包括地形地貌、自然资源、生态环境、工程地质、自然灾害、水文气象等内容。

3）历史文化

主要包括历史文化名村、传统村落、文物保护单位、历史建（构）筑物、古树名木，以及宗祠祭祀、民俗活动、礼仪节庆、传统表演艺术和手工技艺等非物质文化要素。

4）土地利用

主要包括土地利用现状及存在的主要问题，如农房建设、交通水利、公共服务、公用工程、环境绿化用地以及各类用地的权籍归属等。

5）规划政策

主要包括当地国民经济和社会发展规划、上位国土空间规划、其他涉及空间利用的专项规划，以及各级政府出台的促进乡（镇）和村发展的相关政策和管理制度等。

6）建设需求

主要包括当地政府和农村居民的发展诉求，如拟发展的产业、拟建设的农村居民点和各类设施，以及需要的建设用地规模和空间布局意愿等。

7）工作底图

以第三次全国国土资源调查数据、土地利用现状变更调查数据、地籍调查数据为基础，并结合实地勘察、地形图、卫星遥感图、数字高程模型等资料，对数据进行地类转换、细化、边界修正、线状地物图斑化，形成比例尺不小于 1∶2000 的土地利用现状数据和工作底图。其中，拟进行居民点建设规划的部分按 1∶500 实测。

2. 编制规划方案

生态乡村规划的编制一般包括图纸的绘制和说明书的编写。生态乡村规划应根据相关法律法规、技术规范与条例，以及上位规划的要求进行编制。编制生态乡村规划要求因地制宜、实事求是，充分调动群众参与规划的积极性，满足当地经济社会发展、生态环境良好、人民群众安居乐业、可持续发展的需要。生态乡村规划的编制也可参考各地省级、市级和乡村级国土空间总体规划编制指南提出的相关理论和技术。

3. 规划成果上报与审批

根据《中华人民共和国城乡规划法》（2019 年修正版）的规定，乡、镇人民政府组织编制的乡规划、村庄规划，应报上一级人民政府审批。村庄规划在报送审批前，应当经村民会议或者村民代表会议讨论同意。乡村规划编制完成后，必须由上级主管部门审查批准，并作为法律性文件强制执行。一些新的建设政策，要先在有条件的村镇搞试点，取得经验后再推广。规划的实施需将规划引导与政府组织相结合，同时做好规划的宣传工作。

参 考 文 献

艾大宾，马晓玲，2004. 中国乡村社会空间的形成与演化[J]. 人文地理（5）：55-59.

蔡士魁，1984. 关于生态村建设中几个问题[J]. 环境管理（5）：33-34.

陈钦华，2009. 湘西山区生态农村建设研究[D]. 长沙：湖南农业大学.

陈雅珺，2016. 基于生态耦合的苏南乡村聚落空间格局优化研究[D]. 苏州：苏州科技大学.

范涡河，史进，王法尧，等，1986. 安徽淮北平原建设"生态村"途径的探讨[J]. 农业现代化研究（3）：30-32.

何念鹏，周道玮，吴泠，2002. 乡村生态学研究的尺度与等级特征[J]. 干旱区资源与环境（2）：22-26.

何仁伟，陈国阶，刘邵权，等，2012. 中国乡村聚落地理研究进展及趋向[J]. 地理科学进展，31（8）：1055-1062.

华永新，2000. 生态村建设与可持续发展[J]. 农村能源（1）：14-15.

黄国勤，2019. 我国乡村生态系统的功能、问题及对策[J]. 中国生态农业学报，27（2）：177-186.

孔雪松，金璐璐，郄昱，等，2014. 基于点轴理论的农村居民点布局优化[J]. 农业工程学报，30（8）：192-200.

李峰，张梦然，2021. 乡村振兴视角下乡村社区居住空间营建策略研究：以天津市乡村社区为例[J]. 农业经济（6）：46-48.

李响，2016. 中国生态村建设实践类型及历程研究[D]. 哈尔滨：哈尔滨工业大学.

刘崇刚，孙伟，曹玉红，等，2020. 乡村地域生态服务功能演化测度：以南京市为例[J]. 自然资源学报，35（5）：1098-1108.

马永俊，2007. 现代乡村生态系统演化与新农村建设研究：以浙江义乌为例[D]. 长沙：中南林业科技大学.

聂紫阳，2018. 北京山区乡村民宿的景观设计研究[D]. 北京：北京建筑大学.

欧阳志云，1999. 生态系统·服务功能·价值评价[J]. 科学新闻（15）：4-5.

师满江，颉耀文，曹琦，2016. 干旱区绿洲农村居民点景观格局演变及机制分析[J]. 地理研究，35（4）：692-702.

田光进，刘纪远，庄大方，2003. 近10年来中国农村居民点用地时空特征[J]. 地理学报（5）：651-658.

王德刚，2010. 乡村生态旅游开发与管理[M]. 济南：山东大学出版社.

王德刚，2013. 古村落保护与开发：北方古村落保护与旅游开发典型案例研究[M]. 济南：山东大学出版社.

王恩涌，赵荣，张小林，等，2000. 人文地理学[M]. 北京：高等教育出版社.

王云才，2014. 景观生态规划原理[M]. 2版. 北京：中国建筑工业出版社.

翁伯奇，黄勤楼，陈金波，2000. 持续农业的新发展：生态农村的建设[J]. 云南环境科学（S1）：99-103.

杨忍，龙花楼，程叶青，2020. 乡村地理学理论前沿探索专栏导读引言[J]. 地理科学，40（4）：497.

杨小波，2008. 农村生态学[M]. 北京：中国农业出版社.

张小林，1999. 乡村空间系统及其演变研究[M]. 南京：南京师范大学出版社.

周道玮，盛连喜，吴正方，等，1999. 乡村生态学概论[J]. 应用生态学报（3）：369-372.

Antrop M，2000. Changing patterns in the urbanized countryside of western Europe[J]. Landscape Ecology，15（3）：257-270.

Bournaris T，Moulogianni C，Manos B，2014. A multicriteria model for the assessment of rural development plans in Greece[J]. Land Use Policy，38：1-8.

Buttel F H，1980. Agricultural structure and rural ecology: toward a political economy of rural development[J]. Sociologia Ruralis，20（1-2）：44-62.

Bayliss-Smith T P，Feachem R G，1977. Subsistence and survival: rural ecology in the Pacific[M]. London: Academic Press.

Morren G E B，1980. The rural ecology of the British drought of 1975-1976[J]. Human Ecology，8：33-63.

第 2 章　国内外生态乡村规划研究进展

2.1　国外生态乡村规划与建设启示

国外一些发达国家的生态乡村规划建设领先于发展中国家,相关研究也起步较早。生态乡村的概念在 1991 年由丹麦学者吉尔曼在研究报告《生态乡村及可持续社区》中首次提出:以人类为尺度,把人类的活动结合到以不破坏自然环境为特征的居住地中,支持健康地开发利用资源,能持续发展到未来的现代聚居地(Gilman and Gilman,1991)。丹麦学者提出的关于生态乡村的基本概念、内容和观点获得了一些专家学者的认同,随后生态乡村建设实践在全球范围内展开(杨京平,2000)。1996 年在伊斯坦布尔召开的第二届联合国人类住区会议提出要在大城市的郊区发展生态乡村(eco-village)。全球生态乡村网络资料显示,全球生态乡村运动遍布世界七大洲,截至 2015 年全球生态乡村共有 1178 个,主要分布在欧美发达国家。生态乡村的发展基本上可以分为两种类型:一种是欧美国家的生态乡村运动;另一种是日本用于复兴城市郊区乡村的生态乡村发展计划(刘邕等,2005)。

2.1.1　日本和韩国生态乡村的建设背景及建设现状

在日本乡村的建设初期,城市经济的快速发展让大量人口流向了城市,导致乡村滞留人员老龄化严重、医疗设施缺乏和基础产业不足等问题出现,于是日本政府开始思考乡村发展计划,并提出了使落后的乡村发展成可持续发展的人居环境体系的设想。虽然日本城市化水平较高,但是由于人多地少,仍存在许多不发达的村庄,因此需要考虑生态因子和可持续发展问题,对村庄进行改造或将村庄建设成生态乡村。而 Takeuchi(1998)提出日本生态乡村的建设目标为维护健康的自然环境、保持可持续的物质循环,通过城市和乡村的互动实现乡村的持续发展。

日本的生态乡村建设重视乡村与城市的文化交流。交通和信息网络的快速发展,使日本的人口资源流动由乡村单向地流向城市转变为乡村与城市之间的双向流动,这引起了人们价值观和生活工作方式的深刻转变,并加强了日本城市与乡村之间的文化互动。另外,日本以生态观为基础,以有效改善和维护农村自然生态环境系统为目标,制定了农村环境保护和建设政策,并从乡村生态学的角度规划和重新设计村庄,旨在将村庄规划建设成可持续发展的生态示范区(赵广帅等,2018);通过对乡村地区现有的信息网络结构以及资源进行重新规划和定位,构建城乡信息和网络产品的双向流通渠道,鼓励和吸引更多的城市居民定居在乡村地区,从而有效解决由城市地区人口过度集中导致的乡村土地开发利用不充分等问题。日本木之花生态乡村如图 2-1 所示。

图 2-1　日本木之花生态乡村（孙婷 摄）

根据城市和乡村关系的密切程度，日本的生态乡村可分为以下三种不同的模式（Takeuchi，1998；赵广帅等，2018）。

（1）城市近郊生态乡村模式。该模式下的生态乡村以城市居民为主，市民直接租用城市附近村民的闲置土地耕种，这样既恢复了土地活力，又可以让村民通过收取土地使用费来增加经济收入。该模式重视自然生态资源与能源的循环再利用，如尽量采用被动模式的冷却系统和加热系统，充分利用花园和非水稻种植物、其他植物的凋落物及各类有机垃圾（经垃圾处理器收集和进行堆肥处理后，可为花园植物和各类作物的种植提供有机肥料）等。村民生产生活产生的污水则经过生物净化技术处理后循环再利用。

（2）典型农业区域的生态乡村模式。与城市近郊生态乡村模式一样，该模式也追求自然生态资源和能源的高效循环利用。例如，采用被动模式的冷却和加热系统、稻田补给地下水系统、有机垃圾和污水处理系统等。该生态乡村模式重视建立连接乡村自然景观资源的生态网络。

（3）偏远山区生态乡村模式。该模式主要注重提升偏远山区生态乡村对城市居民的吸引力。首先，其和前两种生态乡村模式一样，重视自然生态资源和能源的高效循环利用；其次，其注重偏远山区农业和乡村旅游景观的综合利用及保护；最后，其注重居住功能，可为居住者提供舒适的居住环境，吸引更多的城市居民前来旅游度假，同时保障发达的信息网络系统以使居住者与外界保持畅通的联系。

从 20 世纪 70 年代起，为了解决城乡发展失衡的问题，韩国政府着手推行"新村运动"。所谓"新村运动"，就是以促进农村区域的发展为首要条件，将乡村发展与城市建设相结合，使乡村与城市共同发展，而事实也证明韩国的"新村运动"在生态乡村建设中发挥了很好的示范作用。韩国"新村运动"的核心内容是努力建设在物质生活和精神文化上都能满足农村社会全体成员需求的文明和谐的农村社会，基本建设目标为改善乡村农民基本生活条件和乡村生态环境，密切协调城市和农村的关系，建设文明农村社会和文明国家（朴振焕，2005），同时在各级政府的直接主导下，着力探索构建一个多样化、多层次的社会支持互助体系。"新村运动"促进了乡村物质文明和精神文明的建设，使农村的居住环境、生活服务和基础配套设施不断得到完善，农民收入稳步增加，改变了韩国部分村庄的贫困落后状况,树立了"勤劳、自立、合作"的"新村精神"。

"新村运动"注重农村专业人才培养,韩国政府投入了大量的人力、物力以对乡村居民进行教育培训和开展农业推广工作。同时,为了更好地推进"新村运动",政府根据不同行政区域内的农村经济发展水平和新村建设情况,把全国的典型农村和村庄划分为不同的建设类型,并确定了相应的建设工作重点。在韩国全社会的共同参与和推动下,"新村运动"促进了韩国乡村经济的建设与发展,提高了公民整体素质(范凌云等,2015)。

2.1.2　美国生态乡村的建设背景及建设现状

总体来看,国外是在自然环境的基础上,运用生态规划技术手段,以提高和谐人居水平、发展特色文化和促进经济发展为目的,建设生态乡村典范;综合考虑生态环境、经济、文化与人居等因素,实现自然、社会、经济三者和谐发展。

生态乡村建设较为成熟的国家有美国、德国、丹麦和日本等。20 世纪 70 年代中期,在"返土归田"运动浪潮的背景下,美国多数城镇居民弃城返乡,重新回归乡村田园生活,这对后来生态乡村的发展产生了较为深远的影响。当时,生态乡村的建设理念有两种:一种是力推有机种植,以避免化肥、农药等对土壤的污染;另一种是以家庭为单元替代现有的城市和乡村单元,如 Twin Oaks 社区和 Farm 社区等(Boyer,2016)。虽然当时生态乡村的概念还没有广泛流行,但学术界普遍认为,它们是当代美国生态乡村的雏形。据统计,截至 2021 年 3 月,已在 GEN 注册的美国生态乡村共计 128 个,多分布在东部和西部经济发达的地区。美国生态乡村的建设综合考虑了自然、经济、社区和文化四个方面的因素,是以生态产业运营、生态环境保护、生态社区营造和生态文化教育为目的而建成的新型生态乡村(倪剑波等,2021)。美国生态乡村的四种建设模式情况如下。

1. 生态产业运营型

1995 年建成的埃斯俄文(Earthaven)生态乡村是生态产业运营型生态乡村的典范,其位于美国北卡罗来纳州阿什维尔(Asheville)以南的黑山林中,占地 133.15hm²。利用周边的自然环境和生态资源,埃斯俄文生态乡村成为能够自我运营维持和演化的生态人居村庄。它借鉴"永续栽培(permaculture)"的设计理念和技术,将住区和农业整体纳入生态系统进行考虑,并采用有机物堆肥固氮、农作物间作套种、轮牧放养增产、野生生物培育和保护等可持续技术,减少化肥、农药对土壤的污染;将蔬菜、花卉、香草等多种植物科学地种植配置,在保持土壤肥力的同时实现高效产出。

埃斯俄文生态乡村充分发挥其本身的资源和技术优势,发展绿色小微经济,并以种植业、养殖业、畜牧业为原料来源进行工业产品加工,如利用牧场生产的牛奶以及蛋类等制成食用乳制品,将本地森林中自然生长的橡木加工制作成家具和木雕工艺品等后通过线上与线下的方式进行销售,以及推进生态旅游、有机认证、技术咨询等服务业,由此形成了农业、工业、服务业相互促进发展的良性循环,为生态乡村的可持续发展注入了永续动力。埃斯俄文生态乡村如图 2-2 所示。

图 2-2　埃斯俄文生态乡村（倪剑波等，2020）

2．生态环境保护型

伊萨卡（Ithaca）生态乡村，位于美国纽约州中南部的伊萨卡市城郊，占地 70.8hm^2，生态乡村利用合作居住（co-housing）的形式，在村内建造公共休息室、健身房、图书屋、音乐室等文娱设施，丰富村民的文化生活。伊萨卡生态乡村致力于生态环境的保护和修复，通过合理规划分区把村内居民生产生活对生态环境的影响降到最低。分区由规划专家和村民共同设计，他们通过结合当地自然生态环境和村民的生产生活实际，确定适合本村生态发展的独特准则，并将生态乡村划分为生态地区、生产地区和生活地区；在考虑地域环境差异的同时，为了构筑可持续发展的生态基底，采取不同的生态保护和恢复措施（岳晓鹏等，2019）。首先，为了实现自然生态环境的健康和可持续性，以及恢复土壤、水域、植被等生态系统，将全村 80%以上的陡坡地、耕地、林地、湿地划定为生态地区。其次，在生产地区，避免制造、运输过程造成的环境污染，促进有机废弃物分解和资源循环利用，利用植被绿化和湿地净化等手段恢复受损环境。最后，对生活地区进行低影响开发，尽量不占用耕地和林地，维持草地和道路的渗透性，村庄建设合理利用当地的绿色材料并提供多样的居住空间。

3．生态社区营造型

美国加利福尼亚州的洛杉矶生态乡村位于洛杉矶市中心附近，占地约 4.45hm^2，由民间非营利性组织"合作资源和服务项目（cooperative resources and services project，CRSP）"自发建立并负责管理。生态乡村充分利用市区良好的地理条件，营造氛围和谐、节约资源、健康有活力的生态社区，以实现人与环境、人与人的和谐共处。生态社区营造型生态乡村的特点为采用多元混合的股份合作制度、村民全程参与的共识决策机制和共享集约的绿色生活方式。生态社区营造型生态乡村由 CRSP 统一管理，其负责社区的策划、开发、建设和运营等事宜，并拓宽融资渠道，实行政府支持、企业资助、居民出资和公众捐款等多元混合的股权制度。

生态乡村采取基于"共识决策（consensus decision-making）"的社区治理模式，生态乡村内居民与规划专家合作，充分参与生态乡村规划的制定、实施和生态乡村的管理等。

同时，生态乡村鼓励采用共享集约的绿色生活方式，如分享电动汽车、园艺设备、洗衣机、烘干机等物质资源，这在提高资源利用率的同时降低了居民生活成本。洛杉矶生态乡村如图 2-3 所示。

图 2-3　洛杉矶生态乡村（倪剑波等，2020）

4. 生态文化教育型

美国田纳西州的 The Farm 生态乡村，位于田纳西州纳什维尔（Nashville）南部的萨默顿镇（Summer Town）郊外，占地 1813hm²，现有村民约 200 人，是第一批践行盖娅教育（Gaia education）体系的现代生态乡村。该生态乡村积极推进生态文化意识建立、绿色行动体验、生态价值观塑造等，并出版发行了多部专著，现已成为美国重要的生态文化培训中心之一。此外，俄勒冈州的 Lost Valley 生态乡村还制定了"整体可持续发展学期计划"，并发放永续栽培设计认证和生态设计教育证书。作为实践基地，该类型的生态乡村与企业、高校、科研机构等，在可持续农业、环保建筑、基础设施、生态修复等领域建立合作，由此形成的研究成果用于生态乡村的建设指导，部分生态乡村已经发展成为技术创新和科技成果转化领域的先锋实践基地（倪剑波等，2020）。

2.1.3　丹麦和德国生态乡村的建设背景及建设现状

丹麦在生态乡村方面的建设成效显著。丹麦从 20 世纪 70～80 年代开始大力发展基于"合作居住"等理念类型的社区，并着手大力推动生态乡村发展，力图将传统乡村的建设与生态环境有机融合，在实践中不断探索生态乡村建设策略（岳晓鹏，2011）。

丹麦生态乡村规划重视整体设计、自给自足和民主管理，表现为资源利用的闭合循环设计、绿色节能建筑设计及促进社区交往和管理。例如，迪赛科尔德村采用了邻里型社区规划：家庭集中分布，利用家庭共同住宅形成村庄共同体，住宅和村内的娱乐场所通过交通网相连接，这确保了村民之间的互助，改善了村民的生活条件，且随着乡村居民文化素质的提高，犯罪率大幅降低。蒙克斯干戈德村位于哥本哈根以西 30km 的罗斯科尔德市郊区，是公众自发建设的生态社区，注重居住多样性和可持续性。村内空间结构体现了集体合作形式，如将独立的私人住所与共享设备、娱乐设施相结合，促进邻里交往；建筑多使用有机建筑材料，并采用了简易的生态节能、节水措施，如太阳能光电转换装置和雨水收集设施等；社区以公共交通为主，推行汽车共享制度，采取 10 人共同使用一辆汽车出行的节能减排政策，并鼓励使用自行车，这有效减少了碳排放，维持了生态系统的平衡。宾戈地区则对现有的湿地、牧场、森林、村庄进行整体规划和综合改造，以恢复被破坏的生态系统，将农业生产融入自然景观，这不仅为城乡居民提供了旅游胜地，增加了村民的收入，还促进了城乡协同发展。

　　丹麦生态乡村的主要特点是实施绿色建造技术建造房屋、探索经济发展模式和村民的民主管理，而如何在乡村发展与环境保护之间实现平衡是生态乡村建设的关键。在生态建设中，丹麦生态乡村利用堆肥马桶提供有机肥料，并将其用于农业生产，从而减少了化肥的使用；将天然降雨收集后层层过滤处理，并利用植物根茎净化污水；每个家庭都使用太阳能发电；建筑材料使用生态材料，以避免建筑废弃物对环境造成损害。同时，村民参与规划，建筑师和规划者与村民共同努力实现生态乡村的建设。村民也参与管理生态乡村，村内居民有共同的目标和理想，他们相互信任并合作，具有很强的归属感，这促进了生态乡村的建设（孙利娟，2017）。丹麦生态乡村的房屋如图 2-4 所示。

图 2-4　丹麦生态乡村的房屋（岳晓鹏，2011）

　　德国是欧盟中的重要农业国之一，德国乡村地区的面积占国土总面积的 1/3。可持续发展是德国生态乡村建设的基本理念。1984 年，德国政府根据经济发展和环境保护的需要提出了生态农业的概念。1989 年，德国设立了用于生态农业发展的公共资金，以鼓励将郊区和牧场改造成生态乡村（刘念雄，2002）。在多年的生态乡村建设实践中，德国逐渐演变出以下几种具有本国特色的生态乡村建设模式。

　　1. 以生态修复和保护为基础的生态乡村建设模式

　　七棵菩提树生态乡村，于 1985 年成立，位于柏林以西 150km 的拉茨湖畔松树山，有110 户居民。与周围城镇不同的是，七棵菩提树生态乡村的建设目的是保护和修复环境。在长达 18 年的生态恢复建设中，七棵菩提树生态乡村取得了显著的成效。其根据生态适宜性原则，采取恢复包括土地和森林在内的自然生态系统的措施，保护土壤和水资源；与此同时，执行可持续的森林管理和打击捕捞政策，以保护生物多样性，提升区域生态系统的功能（刘树英等，2018）。

2. 以生态经济为基础的生态乡村建设模式

位于德国斯图加特郊区的曾被遗弃的埃斯特林根村，现已成为一个美丽的生态乡村，其建设项目包括太阳能草地公园、雨水收集湿地公园以及可持续生态绿色住宅建筑。埃斯特林根村建立了生态循环工业系统，一方面，利用太阳能光电生态系统设施（包括重要的基础设施和光电传输系统设施），村里的太阳能牧场不仅能减少对当地动植物的影响，保护野生动物的迁徙路线，而且还最大限度地减少了对当地水资源的使用，保护了牧场及其周围的生态环境。另一方面，太阳能牧场为农业和畜牧业建立了联系，牧场可利用光伏板将阳光用于发电，这些电能可用于农业和畜牧业生产；植物产生的废物可用于鱼类养殖；鱼的粪便可用于给作物施肥。农场几乎实现了自动化，其利用传感器系统调节光电效应和土壤灌溉，从而实现了有效运作，生态乡村也由此形成了一个能够生产多种有机产品的独立的多工业生态系统。

3. 以村民自治为基础的生态乡村建设模式

维斯玛尔生态乡村，位于德国莱贝克市南郊，于 2006 年成立，居民 205 户，是一个以村民自治为基础的健康生态乡村，并结合了生态技术和新的住房模式。它的建成增强了村内居民的社会和谐感，把村庄的组织行为、邻里关系及环境和谐地结合起来，促进了村庄的可持续发展。在维斯玛尔生态乡村发展过程中，居民与开发者、金融机构、建筑师合作，共同进行建设和决策（常江等，2006）。维斯玛尔生态乡村坚持民主自治的原则，利用公共参与的管理机制，定期召开会议，组建社区团体，并在协商一致的基础上作出决定。这种直接参与的方式也有助于村民之间建立良好的关系，增强村民的认同感和凝聚力，在参与性治理模式下形成社区归属感。德国生态乡村建设现状如图 2-5 所示。

图 2-5　德国生态乡村建设现状（刘树英等，2018）

4. 以生态文化为基础的生态乡村建设模式

此种模式认为实现生态文化转变是发展生态乡村过程中的一项重要任务。德国 ZEGG 生态乡村于 1991 年成立，占地 15hm²，位于德国东北部布尔奇什市勃兰登堡郊区的森林地带。该村侧重重建和谐和多样的精神文化，以及在实践中不断提高村庄的生态价值；提倡公众参与、健康和可持续发展的理念，即从恢复自然和与自然和谐发展的环境视角，系统地认识生态价值和开发独特的生态文化，促进经济、社会和自然环境和谐发展。此外，村里还会定期举办社区活动，并推广"平等分享资源、发展可持续农业和简单生活"的模式，力图基于生态保护意识和生态技术的应用，让村庄得到可持续发展（刘树英等，2018）。

未来德国生态乡村的发展方向之一是整体进行生态优化。首先，德国政府要求对生态乡村的现有技术和工业进行全面的升级改造，以节省资源和能源，如改善乌尔夫多夫生态乡村的供热系统、在扎格生态乡村种植营养植物等。其次，推广更有效的环境保护措施和开发新型技术，如太阳能动车、太阳能智能区域供暖系统等。德国政府也支持科研机构和科研团体针对对生态住房建设有直接影响的新技术和新材料进行试点研究。德国政府在生态改造方面的要求有：不使用具有化学成分的杀虫剂和除草剂，使用有益于自然环境的生物防治方法；不使用可溶性化肥，使用堆肥或永久堆肥；合理种植农作物，保持土壤肥力；轮流或间歇性移植；控制牧场的牲畜数量；用天然饲料饲养牲畜；不使用抗生素；不使用转基因技术等。

2.1.4　国外生态乡村规划策略及对我国的启示

丹麦提出生态乡村的概念后，该概念最初仅局限在北欧的一些国家，后来逐渐被其他一些国家和地区接受，并用于开展生态乡村建设实践，随后形成全球生态乡村网络（global ecovillage network，GEN）。对于生态乡村的建设，目前全球没有统一的标准，但普遍认同 GEN 对生态乡村的定义。最初生态乡村迅速发展，这得益于盖娅基金会的支持，生态乡村的建设目的和建设意义是建立一个可持续发展的社会，这与我国秉持的可持续发展理念不谋而合。据统计，截至 2015 年全球生态乡村共有 1178 个，遍布全球七大洲。

然而，生态乡村一般集中在发达国家，如北欧国家和美国。一方面，发达国家的经济已经达到了一定水平，人们开始思考人与自然的关系，寻求与自然和谐相处；另一方面，发达国家拥有更先进的生产技术和更强的生态意识，这为生态乡村的发展创造了良好条件。但受文化地理和经济发展水平等因素的制约，全球不能推广统一的生态乡村模式，于是各国采用了不同的模式（胡怡，2020）。国外生态乡村的分类标准也各不相同，根据主要的特点、基本目标和发展方向，可将生态乡村分为生态现代化型、生态恢复型、智慧生态型、生态经济型以及生态环境型，这些类型的生态乡村其建设标准略有不同。在建设生态乡村时，必须满足农业和生态环境的基本要求。

我国正处于社会主义初级阶段，与发达国家相比，在社会经济、文化和生态技术发展方面还有所欠缺，大多数生态乡村对于建设模式仍处于摸索研究阶段。以我国目前的国情来看,我国的生态乡村建设需要政府在组织、技术和资金方面给予大力支持,在保留和传承乡村地域文化和吸取国外生态乡村建设经验的基础上,制定更适合我国城乡高质量发展的生态乡村建设模式(岳晓鹏,2011)。

生态文明建设和乡村振兴战略为我国的生态乡村建设提供了新的驱动力,这无疑对我国的生态乡村建设起到了至关重要的作用(倪剑波等,2020)。我国在生态乡村建设过程中,应借鉴国外生态乡村的建设模式和经验,注重增加乡村活力和就业机会,减少人口外流,加强生态乡村的凝聚力。

此外,我国生态乡村建设应注重生态乡村的可持续发展。可持续发展原则的核心内容包括:避免因当前的发展而损害未来的利益;不仅要注重经济效益,还要注重生态和社会效益。目前我国大多数村庄依赖以资源—产品—污染—排放为基础的单向线性经济,而国外生态乡村的发展理念则是对资源"从摇篮到摇篮"的循环利用,这为我国的乡村建设提供了重要的启示。需要注意的是,可持续利用的资源需要得到合理的开发和有效的管理,以及系统化回收利用的设计。另外,我国乡村有优秀的传统文化和农业文明,然而,由于受到外部文化的影响,传统农村文化已逐渐转变为城市文化或者消失(王旭等,2009)。因此,我国开始实施乡村振兴战略,其包括经济、社会、文化和生态文明等方面,这将促进农村的全面发展和繁荣,有助于我国社会经济的可持续发展。国外生态乡村建设实践比较见表 2-1。

表 2-1　国外生态乡村建设实践比较

生态乡村建设典型国家		生态乡村建设历程	生态乡村建设特征
东亚国家	日本	20 世纪 60 年代初以来,日本经济实现了突飞猛进的增长,到 70 年代初,日本已经完成了工业现代化,并在亚洲首先实现了农村和农村产业现代化的蜕变	日本将生态乡村分为三种类型,即城市近郊生态乡村、典型农业区域的生态乡村和偏远山区生态乡村,日本政府还投入大量资金用于乡村产业研发,并推广环境综合保护技术
	韩国	20 世纪 60 年代,韩国开展了"新村运动"。其以政府为引导,将农民作为主体,以整体提升生态效益为目标,循序渐进地改变了韩国农村面貌,促进了韩国农村区域的综合开发	"新村运动"从教育、文化等社会基础结构方面进行综合治理,以改变落后农村地区的面貌;提倡发扬"勤勉、自助、合作"的新村精神,构建和谐社会
欧美国家	美国	20 世纪 70 年代,美国生态乡村自主性地探索建设基于自然生态环境的具有归属感的可持续发展社区,并积极融入地方经济、社会网络和文化教育	美国的生态乡村建设在经济、自然、社群和文化四个方面均有不同的侧重点和体现。其生态乡村的建设模式有生态产业运营型、生态环境保护型、生态社区营造型和生态文化教育型
	德国	20 世纪 80 年代,德国政府在建筑界、环保团体、大学科研机构和民间团体的大力支持与通力合作下,开始展开对生态乡村的研究和建设	德国生态乡村汇聚了社会各阶层的努力和创新精神,致力于在生态乡村区域内部进行生态适宜性技术的研究和实践,体现了社会、经济与环境的可持续发展理念
	丹麦	20 世纪 80 年代末,丹麦生态乡村开始发展,丹麦开始注重将村落的发展与生态联系到一起,并在实践中进行了对生态乡村建设的探索	20 世纪 90 年代,随着生态现代化的加速,丹麦生态乡村的发展更为成熟,其强调整体设计思想、自给自足、社会关注、民主管理和廉价建造等理念

　　在我国生态文明建设和乡村振兴战略背景下，建设生态乡村可以有效地保护自然环境和促进乡村高质量发展。我国在进行生态乡村建设时，应吸取国外生态乡村建设的成功经验，立足于不同地区乡村的资源禀赋，构建农业与自然景观之间的共生互动模式，改变单一经济模式，发展生态复合产业；与企业、高校、科研院所等合作，研发和推广乡村生态建筑和生态工程技术，有效保护乡村生态环境；挖掘村庄地域文化特色和优势，因地制宜地开展生态乡村的建设；充分发挥公众参与和监督管理机制，结合乡村自然资源基底和村民的意愿发展乡村，增强村民生态保护意识、责任感和归属感，提升生态乡村治理水平。

2.2　国内生态乡村规划与建设启示

2.2.1　我国生态乡村规划现状

　　新中国成立初期，我国一直大力发展集体经济，虽然没有明确提出生态乡村建设这一具体的概念，但始终秉持农业与生态环境二者可持续发展的理念，在努力实现现代化的同时注重农业生产、合理配置自然资源和保护乡村生态环境。早在 20 世纪 50 年代我国就提出建设社会主义新农村，但没有进行具体实践。直到 20 世纪 80 年代初我国提出小康社会的概念，社会主义新农村建设才成为其中的重要内容之一。我国的生态乡村起步较晚，注重以产业结构优化、资源循环利用、环境修复和提升乡村生态系统功能为首要目标的生态农业村建设（李响，2016）。实质上，生态乡村的理念与我国新农村建设、美丽乡村建设和乡村振兴等乡村发展基调相契合（刘磊等，2017）。我国从 1999 年开始以海南省为试点省份开展生态乡村的建设，从生态省、生态市、生态县建设，再到基层的生态乡镇和生态乡村建设，全国掀起了建设生态文明区的热潮。

　　2000 年，国务院在《全国生态环境保护纲要》中指出，要积极推进环境优美城镇创建工作。2002～2006 年，国家环境保护总局（现生态环境部）针对乡村环境问题专门制定了《全国环境优美乡镇考核标准（试行）》和《国家级生态村创建标准（试行）》，并决定在全国开展国家级生态乡村创建活动，自此生态乡村建设逐渐在全国范围内普及。

　　中共十六届五中全会通过的《中共中央关于制定国民经济和社会发展第十一个五年规划的建议》明确指出，建立生态乡村是改善农村生态环境的有力手段，要改善传统农村的生态基础设施，完善环境保护监督管理框架，大幅提高农村环境监管力度，促进农村环境保护。2006 年 12 月国家环境保护总局印发的《国家级生态村创建标准（试行）》对生态乡村重新进行了定义，即乡村经济稳步提升、乡村环境逐步改善、乡村居民环保意识逐渐提高的新型宜居农村。在我国生态乡村建设初期，国家给予了大力支持，并在全国范围内共选出了 23 个村庄作为"首批国家级生态村"，同时要求将"首批国家级生态村"作为示范，带动经济增长和改善乡村人居环境（欧瑞华，2011）。

　　党的十七大报告提出，要建设生态文明，基本形成节约能源资源和保护生态环境的产业结构、经济增长方式、消费模式。生态文明建设是我国在面临逐步恶化的生态环境情况下所做出的战略决策，具有重要的现实意义。而生态乡村建设是生态文明建设的一部分，建设生态乡村旨在提高乡村居民的物质和精神文明水平，并通过合理的规划设计把传统农村建设成生态环境良好、资源节约和经济可持续增长的新时代生态乡村。

2011 年，在"生态村"的基础上，我国提出"生态文明村庄"，即基础良好、生产发展良好、生态良好、生活富裕、村风文明的村庄。生态文明村庄结合农村经济、组织、科教、生态建设，实现经济发展、生活富裕和社会和谐（孙盛楠，2016）。

《关于开展美丽宜居小镇、美丽宜居村庄示范工作的通知》（建村〔2013〕40 号）提到，美丽宜居村庄指的是田园美、村庄美、生活美的行政村。2015 年，在总结美丽宜居村庄建设经验基础上，国家颁布《美丽乡村建设指南》（GB/T 32000—2015），将美丽乡村建设系统化、规范化。美丽乡村指规划布局科学、村容整洁、生产发展良好、乡风文明、管理民主且宜居的可持续发展的乡村，其在村庄建设中体现了经济、政治、文化、社会和生态协调发展的理念，进一步深化了生态乡村的内涵。美丽乡村建设模式有工业发展型、生态保护型、城郊融合型、文化记忆型、渔业发展型、放牧型、环境管理型、休闲旅游型和农业型等，应在保护村庄原有结构和自然环境的基础上，采取适合村庄发展的规划策略和生态建设技术手段，建设优美宜居的生态示范村。

党的十九大提出的乡村振兴战略强调产业兴旺、生态宜居、乡风文明、治理有效等，这些都是乡村能否可持续发展的关键要素。以生态文明为指导，加强对村庄建设中环境规划的研究和实践，已经成为乡村建设的前提和重要内容。但目前，我国生态乡村建设还处于探索阶段，需要参考国外有关经验。

以生态文明为导向的生态乡村建设模式，主要以生态保护和修复为基础，通过调整农村产业结构、改善村民生活条件来提升乡村生态环境。北京大兴的留民营村是初级的生态乡村，其特点是建立了循环生态工农业，将能源利用、废弃物处理、雨水回收技术相结合，并将生态系统与工农业有机结合；基于生态基础设施，在发展乡村工农业的同时保护环境，改善村民的居住环境和生活质量，提高村民生态文明意识，加强民主治理。天津制定了文明生态乡村计划，内容具体包括：建造沼气池；固化道路，清理街道，绿化村庄；农民住宅区以社区形式为主，工厂集中分布在工业园区。苏州也加强了对农村社会保障、工业经济、基础设施和农村环境等的建设，构建了城乡融合的美丽乡村建设模式。可见，产业综合发展模式下，在考虑地理差异的情况下，应侧重建设农业经济中的农村文化产业，并鼓励农业生产和旅游业引导当地经济，实现乡村的多元化发展，避免其单方向线性发展。

生态乡村建设涉及生态、经济和社会方面，包括空间系统、资源系统、生态系统、经济和行政系统，以及精密的规划设计系统等。从 20 世纪 80 年代开始，我国的生态乡村主要依赖生态农业、再循环工业和生态旅游业。21 世纪初，我国生态乡村的经济模式从生态农业向复合产业转变，2008～2014 年生态农业的比例从 42% 下降到 31%，复合产业的比例从 29% 上升到 44%（刘磊等，2017）。

我国国土辽阔，气候、资源、地理环境和生产发展水平区域差异很大，各区域不同类型的生态乡村建设模式具有较明显的地域特征。农业农村部科技教育司根据我国二十多年的生态农业建设实践提出，生态乡村作为一个可持续发展的生态系统，具有开放性和动态性，即随着社会和环境的发展而发展。因此，有必要及时总结生态乡村的发展重点和发展模式，结合国家和区域发展需求，对生态乡村进行科学和合理的规划，保证乡村的可持续发展。

2.2.2　我国典型生态乡村建设带来的启示

我国生态乡村建设初期，以海南省、浙江省和江苏省为代表的省份开展了生态乡村建设实践。这些生态乡村大多在政府支持下进行建设，并通过改善乡村生态系统和生态良性循环，促进农村社会经济和精神文明发展，如广西壮族自治区恭城县的"恭城模式"和浙江省安吉县的"安吉模式"等生态乡村建设模式（王旭等，2009）。2000 年，海南省开始开展生态乡村创建工作，历经 20 余年的推进，其在保护生态环境、发展生态经济、培育生态文化等方面取得了一系列成果，其生态乡村建设模式在我国社会主义新农村建设和文明生态乡村建设中被称为"海南模式"。截至 2017 年底，海南省累计创建文明生态乡村 17934 个，占全省自然村总数量的 85.1%。2018 年，海南省进一步明确，要推动全省文明生态乡村创建工作纵向展开，到 2022 年实现文明生态乡村创建工作覆盖全省的目标（陈小妹和黄香文，2021）。

建设生态乡村是美丽乡村建设的缩影，即在保护乡村自然环境的同时，促进物质和精神文明建设，实现社会经济发展、城乡融合、人与自然和谐共处。生态乡村的建设也是打造生态中国和美丽中国的重要支撑。但目前我国的生态乡村建设仍存在一些问题，如部分生态乡村的建设重点仍然停留在景观绿化和美化的层面，盲目模仿国外建设模式，不根据村庄的自然条件和经济文化背景进行建设，忽视乡村生态系统的整体优化和可持续发展等。

成都市的"五朵金花"模范社区是四川省的生态乡村建设典范，其位于城市近郊区，由红砂村、幸福村、驸马村、万福村和江家堰村 5 个村共同打造而成，近年来其经济发展较快，商业建设较为完善，年均人流量可达四十余万人。"五朵金花"以城市为中心，关注农村经济，探索城乡一体化的社会主义新农村建设模式并取得了成功，有效解决了当地乡村经济发展问题；在发展理念上，结合 5 个村传统的梅花、菊花种植，推动农业和乡村产业发展多样化；加强区域内的基础设施配套建设，通过文体活动丰富社区内居民的文娱生活，并做好公共服务保障工作，致力于建设集生态、文化和现代文明于一体的新型生态乡村（赵宁，2008）。

广东湛江市新农村建设起步较早，形成了"湛江经验"：制定合理的村庄建设规划和制度；开发特色产品，实现村庄经济全面繁荣；促进居民生活条件的全面改善；推进村庄精神文明建设，营造清洁的环境，让居民养成良好的卫生习惯；植树造林，以实现可持续发展。具体措施有："四通"，即通道路、通邮政、通电力、通广播电视；"五换"，即换水、换旱厕、换道路、换炉灶、换住房；推进城乡一体化，促进城乡社会经济发展。

尽管部分典型生态乡村建设取得了成功，但受各地区经济、文化和社会因素的影响，我国乡村生态建设仍然存在不足。例如，乡村产业较为脆弱，许多村庄继续排放污水、倾倒未经处理的生活垃圾，环境污染严重；产业布局不合理，产业竞争激烈，很难实现生态循环产业和资源高效利用。另外，第一、二产业和第三产业的融合不足，产品流通不畅，乡村工农业产品同质化严重、质量参差不齐和生产效率低下等问题仍然存在。因此，我国生态乡村建设应吸取国外生态乡村建设实践经验，探索适合自身发展的建设模式和策略，而不应局限于某种生态技术或村庄建设模式，同时应结合国家整体建设战略，以及综合考虑生态农业技术、经济、法律法规和建筑体系等多种因素，实现"生态、生活、生产"三者共同发展，促进乡村高质量发展。

参 考 文 献

常江，朱冬冬，冯姗姗，2006. 德国村庄更新及其对我国新农村建设的借鉴意义[J]. 建筑学报（11）：71-73.

陈小妹，黄香文，2021. 海口市美桐村文明生态村建设经验[J]. 乡村科技，12（4）：18-21.

范凌云，刘雅洁，雷诚，2015. 生态村建设的国际经验及启示[J]. 国际城市规划，30（6）：100-107.

胡怡，2020. 国外生态城市建设研究及经验[J]. 城乡建设（11）：78-81.

李响，2016. 中国生态村建设实践类型及历程研究[D]. 哈尔滨：哈尔滨工业大学.

刘邕，张军连，吴文良，2005. 发达国家城郊生态村发展模式分析[J]. 生态经济（2）：43-46，68.

刘磊，孙盛楠，岳晓鹏，2017. 我国生态村概念及建设模式演进研究[J]. 建筑节能，45（4）：95-99.

刘念雄，2002. 汉堡伯拉姆费尔德生态村，德国[J]. 世界建筑（12）：40-41.

刘树英，米斯坦·纳吉，安德烈·R·杰姆斯，等，2018. 德国生态村可持续实践发展趋势（一）[J]. 资源与人居环境（7）：
　　51-55.

倪剑波，宋彦，闫整，等，2020. 美国生态村的建设实践[J]. 国际城市规划，35（4）：147-151.

倪剑波，王浩文，任芳，等，2021. 基于生态导向的我国乡村建设策略探讨：美国生态村的实践经验与启示[J]. 小城镇建设，
　　39（6）：92-99.

欧瑞华，2011. 我国生态政区类型研究[D]. 青岛：中国海洋大学.

朴振焕，2005. 韩国新村运动：20世纪70年代韩国农村现代化之路[M]. 潘伟光，郑靖吉，魏蔚，译. 北京：中国农业出版社.

孙利娟，2007. 丹麦"生态村"模式对我国农村建设的启示[J]. 建筑工程技术与设计（9）：2.

孙盛楠，2016. 天津生态村规划适宜性影响因素研究[D]. 天津：河北工业大学.

王旭，李红刚，李绍鹏，2009. 国外生态村建设经验对海南文明生态村建设的启示[J]. 安徽农业科学，37（1）：437-440.

杨京平，2000. 全球生态村运动述评[J]. 生态经济（4）：46-48.

岳晓鹏，2011. 丹麦蒙克斯戈德生态村探访[J]. 新建筑（2）：92-95.

岳晓鹏，高珊，吕宏涛，2019. 后工业社会美国共识社区可持续转型研究：以伊萨卡生态村为例[J]. 现代城市研究（3）：28-34.

赵宁，2008. 成都市统筹城乡经济发展推进城乡一体化研究[D]. 成都：电子科技大学.

赵广帅，刘珉，高静，2018. 日本生态村与韩国新村运动对中国乡村振兴的启示[J]. 世界农业（12）：183-188.

Boyer R H W, 2016. Achieving one-planet living through transitions in social practice: a case study of dancing rabbit ecovillage[J].
　　Sustainability: Science, Practice and Policy, 12（1）: 47-59.

Gilman R, Gilman D, 1991. Eco-villages and sustainable communities: a report for gaia trust by context institute[R]. Bainbridge
　　Island: Context Institute.

Takeuchi K, 1998. Traditional view of nature and natural resources management in Japan: sustainable development and geographical
　　thought[J]. Hitotsubashi Journal of Social Studies, 30（2）: 85-93.

第3章 生态乡村的分析与评价

3.1 乡村生态评价原则和方法

3.1.1 评价原则

1. 科学客观

评价应体现尊重和保护自然的理念，充分考虑土地、生态、环境、灾害等因素，全面把握自然生态环境的完整性和系统性；根据生态保护、农业生产和村镇建设的不同方向和承载对象，全面反映各要素之间的相互作用关系；以定量为主、定性为辅为原则，客观地综合评价资源环境禀赋条件、开发利用现状和潜力。

2. 生态优先

按照生态文明建设的要求，落实"以人为本"的发展理念，在坚持生态安全底线的前提下，科学评价适合农业生产和村镇建设的空间和布局，以满足乡村高质量发展和空间发展的实际需要。

3. 因地制宜

充分考虑不同区域之间的差异，可以在一般指标的基础上结合当地资源环境的实际情况和特点，补充个性化的评价要素，因地制宜地丰富指标，细化分级分类。

4. 简单易用

在保证科学性的基础上，尽可能地简化评价，选择最少的最具代表性的指标。加强与相关数据库的整体联系，使评价数据容易获取、评价方法容易使用和评价结果容易检验，确保评价数据、评价方法和评价结果的科学性、权威性、易用性和适用性。

3.1.2 评价方法

1. 资源环境承载力评价

资源环境承载力评价是指对自然资源禀赋和生态环境本底的综合评价，用于确定国土空间开发区域在生态保护、农业生产、城镇建设等方面的承载能力等级，反映特定的国土空间开发区域内自然资源、环境容量和生态服务功能对人类活动的综合支撑水平。

1）资源环境要素单项评价

按照评价对象和评价尺度差异遴选评价指标，分别开展对土地资源、水资源、生态、环境、灾害等要素的单项评价。遴选评价指标时，要结合区域特征，如内陆地区不涉及海洋的相关指标、东部地区不涉及防风固沙相关指标等。

进行市（县）级评价时，生态保护方面不再进行单项评价，而直接使用全国或省级生态保护单项评价结果，全国和省级结果不一致时取较大值，并结合市（县）实际情况对边界进行修正。此外，在使用省级、市级和乡村国土空间规划编制指南推荐的阈值时，可以根据地方实际情况，进一步细分部分阈值区间，以分析地区差异和特点，使分析结果更符合地方实际情况，满足国土空间规划需要。

2）资源环境承载力集成评价

基于资源环境要素单项评价结果，可开展生态保护、农业生产、村镇建设指向下的资源环境承载力集成评价。根据集成评价结果，可将资源环境承载力等级从高到低依次划分为高、较高、中等、较低和低 5 个等级（图 3-1～图 3-3）。

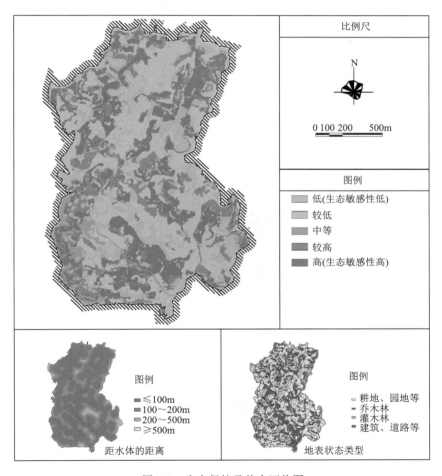

图 3-1　生态保护承载力评价图

来源：《涪城区吴家镇三清观村村规划（2021～2035 年）》。

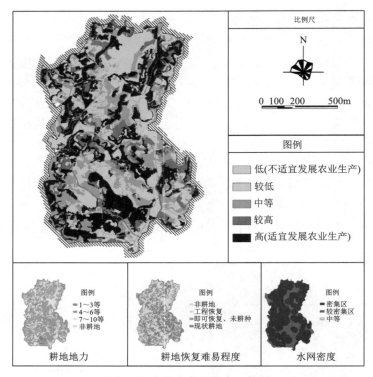

图 3-2　农业生产承载力评价图

来源：《涪城区吴家镇三清观村村规划（2021～2035 年）》。

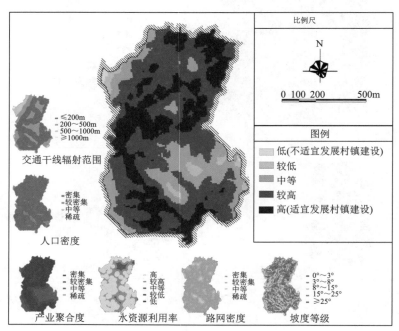

图 3-3　村镇建设承载力评价图

来源：《涪城区吴家镇三清观村村规划（2021～2035 年）》。

2. 国土空间开发适宜性评价

1）全域适宜性评价

　　基于生态保护、农业生产、村镇建设指向的资源环境承载力集成评价结果，可开展国土空间开发适宜性评价。生态保护区域可分为极重要区、重要区、一般区，农业生产区域可分为适宜区、一般适宜区、不适宜区，村镇建设区域可分为适宜区、一般适宜区、不适宜区（图 3-4～图 3-6）。

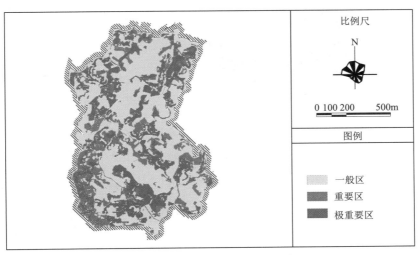

图 3-4　生态保护重要性评价图

来源：《涪城区吴家镇三清观村村规划（2021～2035 年）》。

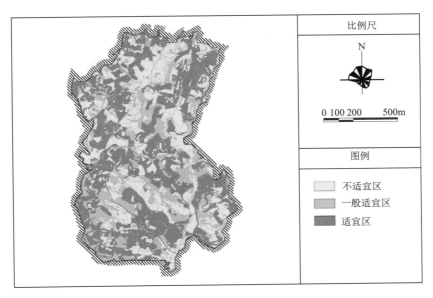

图 3-5　农业生产适宜性评价图

来源：《涪城区吴家镇三清观村村规划（2021～2035 年）》。

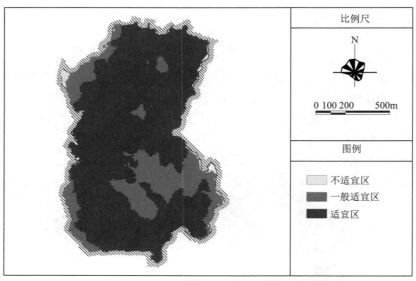

图 3-6　村镇建设适宜性评价图

来源：《涪城区吴家镇三清观村村规划（2021~2035 年）》。

2）结果校验修正

对于评价结果，重点对生态保护极重要区、农业生产适宜区和不适宜区、村镇建设适宜区和不适宜区进行校验，综合评价结果应与实际状况相符，同时应修正结果边界。针对明显不符合实际情况的评价结果，有必要开展现场核查校验与调整，使评价结果趋于合理。

3）适宜区潜力评价

在农业生产适宜区基础上，依次扣除生态保护极重要区、村镇基础设施建设用地、连片分布的林地与优质草地、不宜作为耕地的坑塘和园地，以及难以满足现代农业生产的细碎地块等，以识别农业生产适宜区剩余可用空间。在村镇建设适宜区基础上，依次扣除生态保护极重要区、连片分布的优质耕地、建设用地，以及难以满足村镇建设的细碎地块等，以识别村镇建设适宜区剩余可用空间。上述过程中，具体扣除标准可根据各地实际情况以及土地综合整治相关要求等确定。

3. 评价流程

应严格遵循评价原则，围绕农业生产、生态保护、村镇建设特征，构建差异化评价指标体系。评价方法以定量方法为主、定性方法为辅，评价过程中应确保数据可靠、运算准确、操作规范以及统筹协调。生态乡村评价流程如图 3-7 所示。

1）数据收集

收集数据时应保证数据的权威性、准确性和及时性。所需数据包括土地资源、水资源、气候气象、生态、环境、灾害和基础地理等方面。

如果缺少优于省级标准的数据，则可能无法对相应要素进行单项评价，此时可根据当地实际情况增加评价要素和指标。

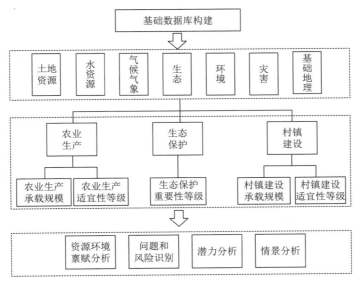

图 3-7　生态乡村评价流程

　　除可根据实际情况调整外，原则上应按各级评价指南推荐的分类标准进行评价。当评价结果不能充分反映区域差异时，可结合实际情况对分类区间进行细分，但不得改变给定的划分标准。

　　2）生态保护重要性评价

　　开展生态系统服务功能重要性评价、生态敏感性评价，集成得到生态保护重要性评价结果。生态保护重要性可分为极重要、重要、一般三个等级。生物多样性维护、水源涵养、水土保持、防风固沙等生态系统服务功能越重要，或对水土流失、石漠化、土地沙化、海岸侵蚀等的敏感性越高，生态保护重要性等级越高。

　　3）农业生产适宜性评价

　　开展农业生产指向的土地资源、水资源、气候气象、生态、环境、灾害等单项评价，集成得到农业生产适宜性评价结果。农业生产适宜性可分为适宜、一般适宜、不适宜三个等级。地势越平坦、水资源越丰富、光热越充足、土壤环境容量越大、气象灾害风险越低且地块规模越大和连片程度越高，农业生产适宜性等级越高。

　　4）村镇建设适宜性评价

　　开展村镇建设指向的土地资源、水资源、气候气象、环境、灾害、基础地理等单项评价，集成得到村镇建设适宜性评价结果。村镇建设适宜性可分为适宜、一般适宜、不适宜三个等级。地势越低平、水资源越丰富、环境容量越大、人居环境条件越好、自然灾害风险越低且地块规模越大和集中程度越高、地理及交通区位条件越好，村镇建设适宜性等级越高。

　　5）承载规模评价

　　根据现有的经济水平、生产生活方式，受土地资源和水资源的制约，应分别对各评价单元可承载的农业生产和村镇建设最大规模进行评价。有条件的区域可以结合环境质量控制目标、污染物排放标准和总量控制目标，对环境容量约束下的农业生产和村镇建设最大规模进行评价。根据短板原理，可将各种约束条件下的最小值作为最大承载力值。

6）综合分析

（1）资源环境禀赋分析。包括分析土地、水、能源、矿产、森林、草原、湿地等自然资源的规模、质量、分布特征及变化趋势等，然后结合气候气象、生态、环境、灾害等要素的特点，选取国家、省域或其他对标地区的数据作为参考，总结资源环境的优势和限制因素。

（2）问题和风险识别。将生态保护的重要性评价结果、农业生产和村镇建设的适宜性评价结果与土地利用现状进行比较，并找出以下重要信息：当前耕地、园地的空间分布和规模；生态保护极为重要的人工商品林和建设用地的空间分布和规模；不适宜发展农业生产的地区及生态保护重点地区现有耕地和永久性基本农田的空间分布和规模；在村镇建设不适宜区和生态保护极为重要的地区，现有建设用地的空间分布和规模；地质灾害高风险区农村居民点的空间分布和规模。

根据评价结果，综合分析资源环境开发利用现状（包括规模、结构、布局、质量、效益和动态变化趋势），识别水平衡破坏、水土流失、生物多样性下降、湿地退化、地下水过度开采、地面沉降、水污染、土壤污染、空气污染等问题，并预测未来的变化趋势和存在的风险。

（3）潜力分析。根据农业生产适宜性评价结果，对处于农业生产适宜区或一般适宜区内且生态保护非极为重要的区域，分析土地利用现状，形成农业生产空间潜力分析图。按照生态优先、绿色发展、经济可行的原则，结合可承载的农业生产最大规模，分析可开发耕地的潜力和空间布局，以及现有耕地质量的提升潜力。

根据村镇建设适宜性评价结果，对处于村镇建设适宜区或一般适宜区内且生态保护非极为重要的区域，分析土地利用现状，形成村镇建设空间潜力分析图。综合村镇发展阶段、定位、性质、目标和相关管理要求，结合可承载的村镇建设最大规模，分析可用于村镇建设区域的潜力和空间布局，以及现有村镇空间优化利用方向。

（4）情景分析。分析技术进步、生产生活方式转变等对国土空间开发利用的不同影响，提出生产生活方式转变、资源环境承载力提升的路径及具体措施。模拟重大工程建设、交通基础设施变化等不同情景，分别给出并比对相应的评价结果，以支撑国土空间规划决策。

4. 评价数据

基础数据是开展空间规划和资源环境承载力评价的重要保障，包括基础地理类、土地资源类、水资源类、环境类、生态类、灾害类、气候气象类数据以及基础底图类数据（表 3-1）。获取基础数据时，应确保数据的权威性、准确性、时效性。同时，应根据评价需要与要素属性确定数据精度，并采用权威部门获取的遥感监测数据、普查统计数据、地面监测数据等，数据的时间一般以同级国土空间规划要求的基年时间为准，图形数据一般应为 GIS 软件支持的矢量数据，统计数据一般应为 Access 或 Excel 软件支持的表格数据。评价时，统一采用 2000 国家大地坐标系（China geodetic coordinate system 2000，CGCS2000）、高斯-克吕格投影和 1985 国家高程基准。市（县）层面，单项评价宜在省级评价基础上进一步细分评价单元。优先使用矢量数据，使用栅格数据时应使数据达到较高精度。以县级行政区为评价单元，计算可承载的农业生产、村镇建设最大规模。

表 3-1　基础数据

类型	名称	精度要求	来源
基础地理类	行政区划		自然资源部
	地理国情监测数据（包括地表覆盖数据和地理国情要素）	优于或等于 1∶1 万	
	数字高程模型	优于或等于 1∶25 万	
	遥感影像	优于 2m	
土地资源类	第三次全国国土调查结果及年度变更数据	优于或等于 1∶1 万	自然资源部
	农用地质量等级	1∶1 万	
	土壤数据库（含土壤粒径百分比和土壤有机质含量百分比）	优于或等于 1∶100 万	
水资源类	第二、三次全国水资源调查评价结果	—	水利部
	近五年水资源公报	—	
	水资源综合规划	—	
	四级或五级水资源流域分区图及多年平均水资源量	—	
	用水总量控制指标	—	
	地下水超采区分布、多年平均地下水超采量（分深层和浅层超采量）	—	自然资源部、水利部
	地下水水位和水质（含矿化度）	—	
环境类	大气环境容量标准数据及其分级结果	5km×5km	生态环境部
	各控制单元或流域分区水质目标	与控制单元或流域分区一致	
	水（环境）功能区划	—	
	历年环境污染物统计数据	—	
	历年大气、水环境质量监测数据	—	
	土壤污染状况详细调查数据	—	
	近五年环境质量报告	—	
生态类	植被覆盖度	30m	自然资源部
	全国森林资源清查结果及年度变更数据		国家林业和草原局
	森林、灌丛、草地（草甸、草原、草丛）、园地（乔木、灌木）、湿地、冰川及永久积雪等陆地生态系统以及红树林、珊瑚礁、海草床、河口、滩涂、浅海湿地、海岛等海洋生态系统（滨海地区）的空间分布	—	自然资源部、国家林业和草原局
	水土流失、土地沙化、石漠化、盐渍化、海岸侵蚀（滨海地区）区域等生态退化区域和强度分级	—	自然资源部、水利部、国家林业和草原局
	一级、二级饮用水水源保护区分布	—	水利部
	国家公园、自然保护区、自然公园、森林公园、风景名胜区、湿地公园、地质公园、海洋特别保护区等自然保护地的分布	—	国家林业和草原局
	国家重点保护物种及其分布（含水生生物）、中国生物多样性红色名录	—	生态环境部
	水产资源保护区和重要鱼类产卵场、索饵场、越冬场及洄游通道（滨海地区）	—	农业农村部

类型	名称	精度要求	来源
灾害类	地震动峰值加速度	—	自然资源部
	活动断层分布图	—	
	地质灾害（包括崩塌、滑坡、泥石流和地面沉降等）易发性调查评价数据	不低于 1：10 万	
	矿山地质环境、城市地质环境、岩溶塌陷等的调查监测和评价结果	—	
	风暴潮灾害危险性（滨海地区）	—	
气候气象类	评价区及其周边气象站站点坐标	—	中国气象局
	多年平均风速、大风日数	涉及空间插值的数据精度，应与所使用的数字高程模型一致	
	多年平均静风日数		
	多年平均降水量		
	多年日平均气温≥0℃活动积温		
	蒸散发		
	干燥度指数		
	多年月平均气温		
	多年月平均空气相对湿度		
	逐日平均风速		
	气象灾害（干旱、洪涝、低温、寒潮等）数据	—	

3.2　乡村景观生态安全格局分析与评价

3.2.1　生态安全格局的概念

随着全球环境和资源危机加剧，各国纷纷开始重视环境保护和生态安全研究。生态安全是一种可持续发展的状态。生态安全从广义层面讲是指维持人类社会发展过程的和谐稳定与安全；从狭义层面讲是指维护生态系统的功能性与完整性，保证其不受威胁。肖笃宁等（2002）认为，生态安全性是指自然生态环境免受人类生产、生活等活动破坏和影响的程度。20 世纪 90 年代，俞孔坚等（2009）提出生态安全格局的概念，即景观中某种潜在的空间格局，其由景观格局中某些关键组分及其特定的联系构成，此种空间格局在维持和控制特定生态的过程中起着关键作用，又称为生态安全模式。典型的生态安全模式包括生态源、缓冲区、生态廊道（源间连接）、辐射通道和生态战略节点（曾柯杰，2017）。生态安全格局研究旨在通过对生态过程的模拟，构建合理环境和资源利用结构，从而优化规划方案。生态安全格局的构建有利于在规划前期明确景观空间标准、优化景观格局和增强景观空间的生态服务功能。

早期国内外生态安全格局研究主要集中在生物多样性保护方面。人类的高强度社会经济活动在一定程度上造成了区域物种多样性的降低。构建区域生物多样性安全格局时需要建立不同生境斑块之间的联系，并确保景观整体上的异质性和连续性，从而避免生境遭到破坏，减少外界对生物栖息地的干扰和影响，有效保护生物栖息地和维持生物多样性。随着生态安全格局理论和相关技术的发展，研究内容逐渐转变为探索自然和社会经济的协调发展，以实现人与自然、人与社会关系的和谐发展。例如，Zube（1986）提出"自然廊道"和绿色空间网络，用于促进自然景观中的能量流动和物质循环。Forman（1995）提出景观空间结构的斑块-廊道-基底模式，并提出集中与分散的最优空间格局理论。蒋贵彦等（2019）运用 GIS 和 RS（remote sensing，遥感）技术构建了水生态安全格局框架，并运用景观指数、GIS 空间分析方法研究了湖泊生态安全格局的演化过程，分析了研究区域内的地质灾害问题、生物保护状况和生态敏感性。邱硕等（2018）以 GIS 的叠加、空间相关性分析、生态过程-格局理论等为基础，并综合水安全、地质灾害预警、生物生境保护、水土保持、游憩安全等内容，构建了综合生态安全格局，即最优、缓冲以及生态底线安全格局。杨天荣等（2017）运用最小累积阻力（minimal cumulative resistance，MCR）模型优化了西部关中城市群的生态空间结构。杨姗姗等（2016）以生态红线为基础，利用最小累积阻力模型构建了江西省高、中、低级 3 种生态安全格局。

　　生态安全格局的研究重点包括生态系统服务能力、生物多样性、生态修复能力、社会-经济-自然复合系统协调发展能力、生态格局优化等方面。生态关键区包括生态廊道和生态节点，它们是确保生态服务功能发挥作用的关键要素。生态廊道为物种迁徙提供通道，生态节点则指在景观内对生态服务功能起关键作用的区域。生态节点对整个生态系统的功能和稳定性具有重大影响，因此，生态节点的识别和保护有利于加强现有生态源地和廊道的作用，促进生态景观的网络化，维护生态功能和区域的可持续发展。而生态服务功能涉及的核心区域主要包括国家自然保护区、森林、湿地、水源地和其他生态区域，这些区域对环境安全和生态保护的意义重大。生态服务功能的空间分布是生态保护规划的基础，根据不同的生态服务功能和区域地表覆盖情况，可以将生态系统划分为不同的功能区。例如，从生态系统安全性的角度出发，可以将生态系统划分为高安全性生态功能区和低安全性生态功能区。另外，应对生态源和生态节点的重要性进行评价，提取需要优先保护的生态源和关键生态节点。

　　近年来，随着乡村的快速发展，乡村景观格局发生了很大的变化。生态安全格局的理论和方法已在一些乡村规划案例中得到应用。例如，在广东省佛山市顺德区马岗村新农村建设规划中，俞孔坚设计团队将景观安全模式、社会交往安全模式、精神信仰活动安全模式、社区交往安全模式进行整合，并将建筑风格与生态安全格局叠加，构建了村庄和街区的刚性框架。当前，国家提出了"山水林田湖生命共同体"保护理念和治理框架，这进一步推动了生态安全格局的理论和实践研究。

3.2.2　生态安全评价的概念

　　20 世纪 90 年代，随着《生态环境状况评价技术规范（试行）》等相关规范的制定，我国生态安全评价及相关实践得以推动。例如，俞孔坚等（2009）开展了水源涵养、洪水调蓄、治沙、水土保持、生物多样性评价等并建立了单要素生态安全格局。周星宇和郑段雅（2018）以武汉市城市圈为例，从水环境、地质土壤、生物多样性和农业四个方面构建了评价体系框架。王琦等（2016）选取了11个评价因子对宁国市进行生态安全评价，并根据"源-汇"景观理论，优化了宁国市的生态网络布局。目前我国的生态安全评价还没有形成统一的规范标准，且多以定性分析为主，缺乏定量指标和综合评价，因此应重视不同区域内生态系统监测数据的定量评价和复合研究，以提高生态安全评价的科学性和有效性。生态安全评价主要包括以下三个方面：一是生态健康评价，二是生态风险评价，三是生态系统服务功能评价。

1. 生态健康评价

生态健康评价是指评价生态系统的健康状况。其主要利用以下三个方面的指标反映生态系统的健康状况：①多维评价指标，包括生物个体水平和生态系统水平；②环境污染指标；③人类疾病和社会健康指标。

2. 生态风险评价

生态风险评价是指在一个或多个压力下，对生态系统负面状态的评价。这类评价主要考虑生物入侵、物理和化学污染等。随着生态保护理念和生态环境管理目标的确立，生态风险评价逐渐增多和发展。其主要特点是强调不确定性因素的作用。

3. 生态系统服务功能评价

生态系统服务功能是指自然资源和环境在人类生存和发展过程中提供的帮助和支持，可分为供给服务、调节服务、支持服务、文化服务四大类，包括食物生产、原材料提供、气候调节、废弃物处理、养分循环、水源涵养、土壤形成与保护、生物多样性、文化娱乐等方面。生态系统服务功能评价则是采用定性和定量的方法对生态系统服务功能的直接和间接价值进行评价。

3.2.3　研究方法

欧阳志云和王如松（2000）通过分析人类活动和环境变化对生态系统的影响，从生态敏感性的角度评估了环境安全；杜巧玲等（2004）利用GIS、层次分析法（analytic hierarchy process，AHP）和综合分析法对黑河在绿洲尺度上的水资源、土地等要素进行了评价；赵春容和赵万民（2010）运用模糊综合评价法对绵阳市的发展趋势和环境安全水平进行了分析和评价，以指导绵阳市的生态建设；在土地占用和补偿方面，施开放等（2013）通过计算熵权分析了土地管理的安全水平和平衡性，并提出了关于改进重庆市永川区土地管理和补偿的方法；根据对生态足迹的定量分析，吴晓（2014）通过构建数学模型对重庆市三峡库区的生态安全进行了评价，并提出了保护措施。在区域层面，贾良清等（2005）评估了安徽省生态环境安全水平和不同的生态功能；尹海伟等（2011）以吴江地区为研究对象，采用因子叠加计算方法分析了该地区的环境安全程度，并提出了相应保护措施。

王嘉等（2021）识别并研究了如何保护乡村动物的栖息地，同时从景观角度构建了生态安全格局：首先，识别代表物种及其生态习性；其次，将影响生物多样性的要素归纳为三类，即自然环境要素、人类社会要素和土地利用要素，这三类要素作为动物栖息地适宜性评价中的三级评价因子，构成人类社会-自然环境-土地利用适宜性三维综合评价体系，并结合 GIS 空间分析技术，进行生境适宜性评价，同时根据 Knaapen 等（1992）提出的 MCR 模型，通过 GIS 空间分析确定代表物种的水平扩散阻力模型，以构建单一物种的阻力面；最后，将所有个体物种阻力模型叠加并评估，以规划村庄的综合生物阻力模型，并构建综合生物保护安全格局（图3-8）。

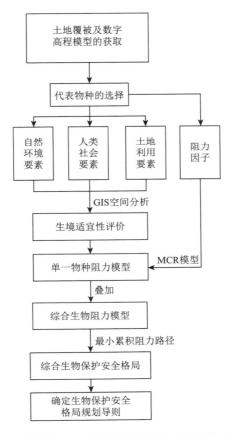

图3-8 村域生态安全格局构建流程（王嘉等，2021）

3.3 川西北地区典型乡村的生态分析与评价

3.3.1 川西北生态脆弱的沙化地区的乡村生态评价

川西北地区是长江和黄河上游极其重要的生态屏障。随着全球气候变化、人口增长以及农业、畜牧业和旅游业的快速发展，川西北生态系统的结构和功能日益表现出脆弱性和敏感性。若尔盖湿地是世界上最大的内陆高寒湿地，也是我国重要的流域和水源保护区，对于维护长江和黄河流域的生态安全起着重要作用。

1. 若尔盖地区概况

在青藏高原东北边缘，四川省阿坝藏族羌族自治州北部，有一片富饶美丽的高原草甸湿地——若尔盖。其东南、正南和西南部与九寨沟、松潘、红原和阿坝县相连，西部、北部、东部与甘肃省甘南藏族自治州的玛曲、碌曲、卓尼和迭部县为邻，是阿坝州面积最大的县，辖区面积 10620km²，平均海拔 3500m，辖 7 镇、6 乡和 1 个省级牧场，有 88 个村、3 个社区和 101 个远牧点，辖区内居住有藏族、汉族、回族、羌族、彝族等 12 个民族，总人口 8.2 万人。若尔盖的地理区位优势表现为三个"三"：第一个"三"是指其是川甘青三省接合部，并且这里自古就是茶马古道的"金三角"，也是天府之国与西部高原进行商贸往来的重要中转口岸、川西北汉藏文化的交汇地、连接川甘青三省的"民族走廊"；第二个"三"是指其有三个旅游专线机场，即以县城为中心，县城周边两小时车程范围内分布有九黄机场、红原机场、夏河机场三个旅游专线机场；第三个"三"是指其有三种快捷进出方式，除三个机场外，213 国道、248 国道、345 国道以及正在建设的成都至西宁的高铁贯穿若尔盖全境。

若尔盖是中国最美的六大草原和六大沼泽湿地之一，也是大九寨国际旅游区核心区域，其旅游资源丰富独特，既有"黄河九曲第一湾"、热尔大草原、花湖、国家级湿地自然保护区、郎木神居峡、降扎温泉、铁布梅花鹿自然保护区、包座原始森林等自然景观，又有古潘州遗址、达扎寺、格尔底寺、索克藏寺等人文景观，还有巴西会议会址、包座战役遗址等红色旅游资源。若尔盖年平均气温 1.1℃，年绝对最低气温 -33.7℃；草原面积 1212 万亩[①]，森林面积 240 万亩，活立木蓄积量 3123 万 m³；野生动植物种类繁多，脊椎动物有 29 目 65 科 251 种，其中兽类 62 种、鸟类 162 种、爬行类 4 种、两栖类 4 种、鱼类 19 种；国家一级保护动物有大熊猫、豹、野驴、四川梅花鹿、黑颈鹤等 10 种，国家二级保护动物有猕猴、黑熊、小熊猫、疣鼻天鹅、秃鹫、蓝马鸡等 41 种；林木有 127 科 1162 种，主要包括冷杉、云杉、油松、高山柏、桦木等普通林木，以及紫果云杉等珍贵林木；药用植物有 121 科 1094 种，盛产贝母、虫草、秦艽、羌活、大黄、鹿茸、雪莲花等名贵中药材；矿产资源有泥炭、煤、铁、铜、铀、金等 30 多种，特别是泥炭资源极为丰富，储量达 41 亿 m³，居全国首位；水能资源理论蕴藏量 15.8 万 kW，可开发 47 处共 3.37 万 kW，已开发 5320kW。

2. 生态评价

吴玉（2010）利用"3S[RS、GIS 和全球定位系统（global positioning system，GPS）]"的相关理论和技术，参考《生态环境状况评价技术规范》（HJ 192—2015），结合若尔盖县的实际状况，建立了生态环境评价模型。同时，她根据各评价指标的计算结果，结合评价规范中规定的等级，用德尔菲（Delphi）法和层次分析法两种方法加权求平均值，获得了生物丰度指数图、植被覆盖指数图、水网密度指数图和土壤退化指数图；利用 ArcGIS

---

① 1 亩≈666.67m²。

软件对生态环境背景数据库中的评价因子进行了空间分析，根据评价规范将研究区的生态环境状况划分为五个等级，并通过拓扑运算生成了若尔盖县生态环境等级图。

根据若尔盖县生态环境状况等级图，统计各等级的生态环境状况指数（ecological environment index，EI）（表 3-2）。生态环境状况等级为"较差"和"差"的共占研究区总面积的 19.73%，主要为森林—草原过渡地区以及沼泽—草原过渡地区，这些地区生态环境较为脆弱，一旦受到破坏很难恢复。生态环境状况等级为"差"的区域面积最小，仅占研究区总面积的 8.17%，主要为东部草原区以及居民点分布区域。这些区域分布着若尔盖县主要的畜牧草场，但是由于长期超载放牧，草场生态状况持续恶化，草地沙化严重。评价结果显示，若尔盖县生态环境总体处于中上水平，环境状况等级由东向西逐渐下降；东部高山区环境状况比西部草原好，但仍然面临高原沙漠化、湿地退化等严峻的生态问题。

表 3-2 若尔盖县生态环境状况等级（吴玉，2010）

级别	优	良	一般	较差	差
指数	EI≥75	55≤EI<75	35≤EI<55	20≤EI<35	EI<20

3.3.2 川西北生态屏障区的山地乡村生态评价

1. 平武县概况

平武县位于四川盆地西北部，青藏高原向盆地过渡的边缘地带，地理位置为北纬 $30°59'31''\sim33°02'41''$，东经 $103°50'31''\sim104°58'13''$。平武县地处盆周山区，具有典型的山地地貌景观。境内山地主要由近南北走向的岷山山脉、近东西走向的摩天岭山脉和近北东至南西走向的龙门山脉组成，海拔在 1000m 以上的山地面积占辖区面积的 94.33%。地势西北高、东南低，西北部为极高山、高山，向东南渐次过渡为中山、低中山和低山。最高点为平武县与松潘县交界处的小雪宝顶，海拔 5440m；最低点为涪江二郎峡椒园子河谷，海拔 600m。县境处于我国三大构造域接合部位，中生代侏罗纪及其以前各个地质时期的地层出露齐全，中生代、新生代构造运动强烈，矿产资源较为丰富，已探明有铁、锰、铜、铅、锌、白钨矿、汞、砷、金、黄铁矿等 39 种矿产。

平武县位于涪江（属长江流域嘉陵江水系）上游，县境内主要河流有涪江及涪江支流清漪江、夺补河等。水能理论蕴藏量 142 万 kW，可开发量 100 万 kW，最优开发量 40 万 kW。县域地表径流深度 821mm，年平均地表水总量 55 亿 m^3。由于气候等自然因素的影响，径流量年际变化大。

平武县辖区面积 5974km²，土地面积 59.50 万 hm²，其中林地 48.56 万 hm²，占土地面积的 81.61%；耕地 3.18 万 hm²，水田 0.11 万 hm²，水浇地 3.66hm²；旱地 3.07 万 hm²；园地 570.00hm²；牧草地 2.48 万 hm²；工矿用地 3900.00hm²；交通用地 1400.00hm²；水域 6200.00hm²。平武县立体气候明显，有亚热带湿润性季风气候、暖温带气候、寒温带气候、亚寒带气候和寒带气候五种气候类型。年均气温 14.9℃，年均降水量 760.4mm，年日照时间 1240.3h，年均无霜期 264d。四季分明，空气清洁，光照充足，昼夜温差大，水质清纯，土壤有机质含量高，光、热、水资源丰富，农业资源得天独厚，茶叶、核桃、中药材、中蜂、魔芋、蚕桑、蔬菜等特色农副产品丰富，有特色产业基地 7.00 万 hm²，其中茶叶基地 0.90 万 hm²，中药材基地 2.32 万 hm²。

平武县已知有野生植物 294 科 4159 种，其中大型菌类植物 25 科 297 种，地衣植物 17 科 110 种，苔藓植物 11 目 30 科 155 种，蕨类植物 35 科 143 种，裸子植物 10 科 56 种，被子植物 177 科 3398 种。县境内野生植物形成了比较完整的植被垂直分布带谱。植被主要有农耕区草丛、杂灌、杂木林、次生林、阔叶常绿林和落叶混交林、高山针叶林、高山草甸等。裸子植物分布广，主要有马尾松、家杉、四川红杉、柏树。被子植物种类丰富，其科数约占全国的 59.45%，四川的 95.05%。珍稀濒危植物众多，有珙桐、红豆杉、水杉、楠木等国家重点保护野生植物 55 种。野生动物 345 科 1932 种。其中，脊椎动物 16 目 106 科 704 种，昆虫类 23 目 194 科 1085 种。国家重点保护的珍稀濒危野生动物有大熊猫、金丝猴、扭角羚、林麝、绿尾虹雉、豹、云豹等 88 种，其中鸟类 44 种，占全国重点保护鸟类种数的 15.90%。平武县现有大熊猫 335 只，约占全国野生大熊猫数量的 20.00%，居全国之首，被誉为"熊猫故乡""天下大熊猫第一县"。25 个乡镇中 17 个乡镇分布有野生大熊猫，大熊猫栖息地面积 2883.22km²，占辖区面积的 48.30%。平武县也是全国为数不多的拥有 5 个自然保护区的县之一，有国家 AAAA 级景区报恩寺，国家级自然保护区王朗、雪宝顶，省级自然保护区老河沟。县境内自然生态环境的原始风貌保存得较为完整。

据统计，2020 年平武县地区生产总值 57.89 亿元，按可比价格计算，同比增长 3.5%。其中，第一产业增加 11.24 亿元，增长 5.3%；第二产业增加 20.24 亿元，增长 3.7%；第三产业增加 26.41 亿元，增长 2.6%。三次产业结构比为 19.4：35.0：45.6。

2. 生态基础分析

平武县土地坡度起伏较大，土地资源和人均土地资源占有量均较少，人均土地面积仅为 0.01hm²，人地矛盾突出。平武县位于涪江流域上游，耕地面积占比较低，水田分布较广，面积约占耕地总面积的 95.00%，旱地质量良好但分布较少，面积仅占耕地总面积的 0.05%；草地分为天然牧草地和其他草地，草地经济开发潜力小；受地形地貌影响，林地占比较高。县域内裸岩石砾地和裸土地面积共约 36468.24hm²，约占县域面积的 6.13%，主要分布在县域北部地区（图 3-9）。

平武县耕地质量区域差异显著，水土保持工作亟待加强。其人均耕地面积与全国人均耕地面积（1.52 亩）基本持平，地形地貌呈现出西北部多高山而中部、东南部多低山的特点，耕地生产力区域差异显著。根据平武县耕地质量调查结果，平武县耕地质量等级为 9～11 等，其中耕地质量等级最高的 11 等耕地面积仅占耕地面积的 0.01%，主要分布在古城镇；9 等和 10 等分布最多，面积共占耕地面积的 98.70%，主要分布在江油关镇、坝子乡、古城镇、龙安镇等地。平武县生态环境脆弱，山体坡度大，土壤养分易流失、肥力难保持，坡度大于 15° 的坡地水土流失防治难度大。大部分山区生长着自然植被，耕地破碎化程度严重，且土壤贫瘠，水土流失严重（图 3-10）。

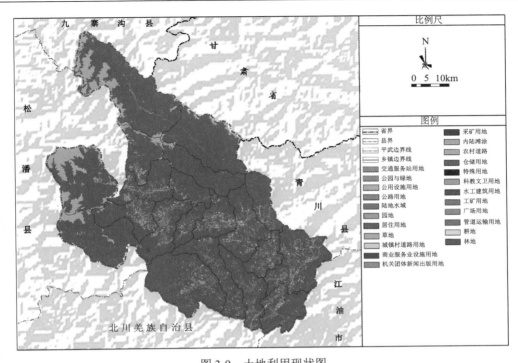

图 3-9　土地利用现状图

来源：《绵阳市平武县国土空间生态修复规划（2020～2035 年）》。

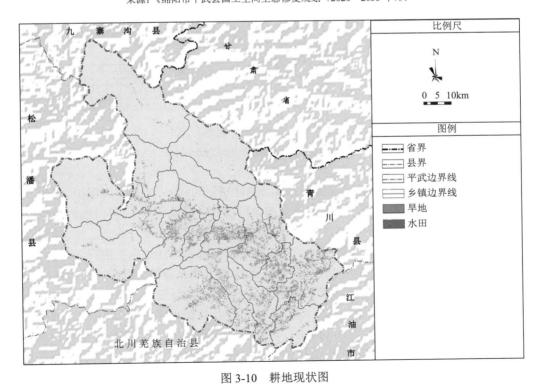

图 3-10　耕地现状图

来源：《绵阳市平武县国土空间生态修复规划（2020～2035 年）》。

　　平武县存在大量的矿产资源，矿产业是平武县的重要产业。平武县矿产开采历史悠久，但遗留的环境问题也较多。例如，矿产开采点分散，地形地貌景观被破坏，人地矛盾突出，地质灾害影响范围大。平武县地质灾害主要发生在河流流域附近，综合来看，地质灾害高风险区主要分布在白马藏族乡以及木座藏族乡，阔达藏族乡是地质灾害中低风险区（图3-11）。

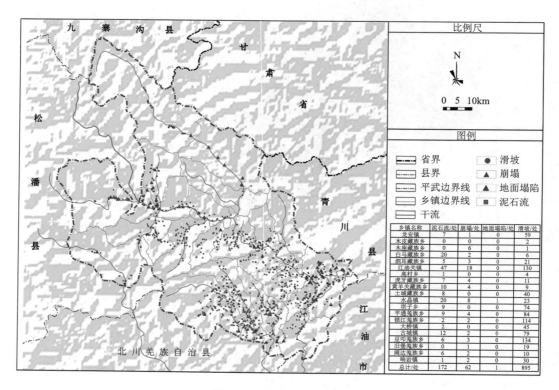

图 3-11　地质灾害分布图

来源：《绵阳市平武县国土空间生态修复规划（2020～2035 年）》。

乡镇名称	泥石流/处	崩塌/处	地面塌陷/处	滑坡/处
龙安镇	7	1	0	59
木皮藏族乡	0	0	0	2
木座藏族乡	0	6	0	1
白马藏族乡	20	2	0	6
泗耳藏族乡	5	3	0	21
江油关镇	47	18	0	130
高村乡	1	0	0	4
虎牙藏族乡	7	4	0	11
黄羊关藏族乡	10	4	0	9
土城藏族乡	8	0	0	40
水晶镇	20	8	1	23
坝子乡	9	0	0	74
平通羌族乡	9	4	0	84
锁江羌族乡	2	2	0	114
大桥镇	2	0	0	45
古城镇	2	0	0	79
豆叩羌族乡	6	3	0	134
旧堡羌族乡	0	1	0	19
阔达藏族乡	6	2	0	10
响岩镇	1	2	0	30
总计/处	172	62	1	895

　　在 2010 年的《国务院关于印发全国主体功能区规划的通知》（国发〔2010〕46 号）中，生态产品被定义为能维系生态安全、保障生态调节功能、提供良好人居环境的自然要素。这是我国在政府文件中首次对生态产品的概念进行科学规范的定义，界定了生态产品是具有生态功能特点的自然要素。具体来说，其主要是指生态系统通过生物生产过程为人类提供的自然产品，包括清新的空气、洁净的水源、安全的土壤和清洁的海洋等人居环境产品，以及用于物种保育、气候变化调节和生态系统减灾等维系生态安全的产品。

　　平武县生态基底条件优良，其生态产品主要涉及供给服务、调节服务、支持服务、文化服务四个一级生态服务类型。其中，供给服务主要包括食物生产、原材料供给两个二级生态服务类型，调节服务包括气体调节、气候调节、废物处理、水源涵养四个二级生态服务类型，支持服务包括土壤形成与保护、生物多样性保护两个二级生态服务类型，文化服务主要包括娱乐文化服务类型。

生态产品发挥着重要的生态服务功能。平武县作为涪江流域上游重要的生态屏障，具有重要的生态服务功能，其各类生态系统之间存在着相互促进和相互制约的关系。平武县各类生态系统中林地生态系统服务价值占比最大，其余依次是草地、水域、耕地、未利用地、建设用地。平武县中部呈西北-东南走向的涪江水域的生态系统服务价值密度较高；中西部低山、中山森林植被茂盛，生态系统服务价值密度也较高。但在城镇开发过程中，从生态系统服务功能的角度出发，龙安镇、江油关镇等地的生态系统服务功能明显弱于其他地方。随着城镇化的推进，人为干扰加剧，加上自然灾害影响，土城藏族乡、水晶镇以及火溪河沿岸的生态敏感性提高。其中，白马藏族乡由于受自然灾害影响，其生态系统受损退化程度较严重，其次是水晶镇。从生态恢复力的角度来看，平武县黄羊关藏族乡沿黄羊河往下，经水晶镇、土城藏族乡一带生态恢复力最弱，其次是白马藏族乡、虎牙藏族乡。这些地区存在大面积裸土地和裸岩石砾地，使得生态系统恢复程度相对较低，生态风险却较其他地区高。平武县生态风险区主要分布在江油关镇和平通羌族乡（图 3-12）。

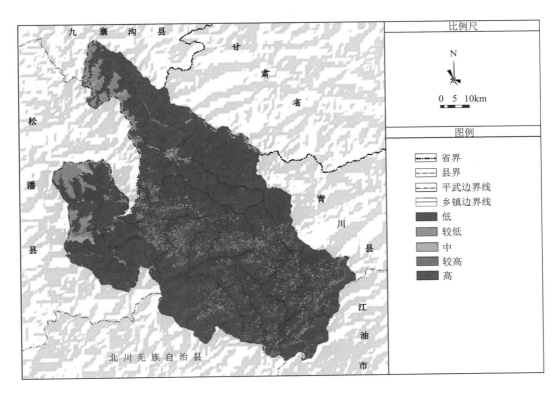

图 3-12 生态系统服务价值图

来源：《绵阳市平武县国土空间生态修复规划（2020～2035 年）》。

3. 综合评价

经对平武县国土空间中土地资源、水资源、环境容量、生态系统脆弱性、生态系统重要性、自然灾害危险性、人口集聚度以及经济发展水平和交通等进行综合评价，可知平武县国土空间具有以下特点。

1）县域国土空间面积大，但适宜开发的面积小

县域国土空间面积大，但山地多、平地少，约 60%的国土空间为山地和高原，适宜工业化和城镇化开发的面积较小，因此平武县必须走空间节约集约的发展道路。

2）水资源丰富，但空间分布不均

人均水资源占有量2900m³，略高于全国平均水平，但季节性、区域性、工程性缺水现象突出，全年70%左右的降水集中在5～9月，且大多以洪水形式流失，水体污染、水生态环境恶化问题突出，水资源分布不均，一些水资源充裕的地区也出现季节性缺水。水资源短缺既制约着人口和经济的均衡分布和发展，还带来了许多生态问题。

3）能源和矿产资源丰富，但总体上相对短缺

能源以水能、煤炭和天然气为主，石油资源储量很小。矿产资源丰富，但人均占有量低于全国平均水平。矿产种类较多，但多数矿种储量不足。能源和矿产资源主要分布在生态脆弱或生态功能重要的地区，而这些地区并不是主要的能源和矿产资源需求区。新能源和可再生能源开发潜力巨大，但能源和矿产资源的总量、分布、结构与满足消费需求、保护生态环境、应对气候变化之间的矛盾十分突出。

4）生态系统类型多样，但生态环境比较脆弱

县域生态系统类型多样，森林、湿地、草原等生态系统均有分布。生态战略地位重要，但生态脆弱区域面积较大，生态脆弱程度达中度以上的区域占比较高。

5）自然灾害频繁，灾害威胁较大

自然灾害种类多、发生频率高，灾害风险大，造成的经济损失大。70%以上的乡镇位于自然灾害威胁严重的区域。受气候变化、地震活跃等因素影响，自然灾害呈现出分布范围扩大、发生频率增高、危害程度提高的趋势，给人民群众的生产生活和生命财产安全带来隐患。

李卫朋等（2019）采用 AHP 对平武县生态农业进行了评价。评价指标体系见表 3-3。

表 3-3　平武县生态农业评价指标体系（李卫朋等，2019）

目标层 A	准则层 B	指标层 C	指标类型
平武县生态农业综合指数	B_1：经济效益	C_{11}：农业生产总值/万元	正向型
		C_{12}：人均国内生产总值/元	正向型
		C_{13}：农业占第一产业比重/%	正向型
		C_{14}：农村居民人均可支配收入/元	正向型
	B_2：生态效益	C_{21}：耕地面积/hm²	正向型
		C_{22}：有效灌溉面积/hm²	正向型
		C_{23}：农药化肥使用量/t	逆向型
		C_{24}：农用塑料膜使用量/t	逆向型

续表

目标层 A	准则层 B	指标层 C	指标类型
平武县生态农业综合指数	B₃：社会效益	C_{31}：农村居民恩格尔系数/%	正向型
		C_{32}：境内公路总里程/km	正向型
		C_{33}：农业科技人员人数/人	正向型
		C_{34}：城乡居民收入差异/元	逆向型

研究发现，近年来，平武县生态农业宏观上呈生态效益小幅度下降的趋势。微观上，耕地面积变化不大；城区建设和工业发展占用大量灌溉区土地，从而使有效灌溉面积持续减小，影响了标准化农田建设。

3.3.3 川西北生态敏感的干旱河谷乡村生态评价

1. 茂县概况

茂县位于四川省西北部阿坝藏族羌族自治州，青藏高原东南边缘，地理位置为东经 102°56′～104°10′，北纬 31°25′～32°16′，东与北川县、安州区、绵竹市相连，南与什邡市、彭州市、汶川县接壤，西与理县、黑水县比邻，北与松潘县相接。地跨岷江和涪江上游高山河谷地带，东西长 116.62km，南北宽 93.73km，辖区面积 3903.28km²。2020 年村级建制调整后，茂县辖 11 镇，104 个行政村、4 个居委会，截至 2020 年末总人口 109287 人，其中乡村人口 62144 人，城镇人口 47143 人，是全国最大的羌族聚居县，也是羌族文化核心区。

茂县高山林立，东部为中山地带，地貌以高山峡谷为主，地势由西北向东南倾斜，山峰海拔均在 4000m 左右，相对高度 1500～2500m。西部万年雪山主峰海拔 5230m，东南部九鼎山主峰狮子王峰海拔 4984m，东部土门河下游谷地海拔仅 910m，北部则为岷山山脉。茂县境内河道分属岷江和涪江水系，主要有岷江、黑水河、土门河等大小溪河 170 条，主要河流总长度 242.3km，年径流量 16.5 亿 m³。有大小堰塞湖 32 个，总蓄水量约 1.4 亿 m³，水能理论蕴藏量 130.76 万 kW，可开发量 86.21 万 kW。境内森林多样，有红豆杉等珍稀树种；生活着大熊猫、小熊猫、金丝猴、羚羊等国家珍稀动物；出产鹿茸、麝香、大黄、羌活、秦艽、虫草、贝母、天麻、柴胡、南星等天然中药材 200 余种，以及松茸、猴头菇、羊肚菌、木耳等。自然景观有省级风景区九鼎山，集山、水、林、湖和地震遗迹于一体的省级风景名胜区叠溪松坪沟，以及大熊猫、金丝猴等国家珍稀动物的栖息地——雪宝顶沟自然保护区。人文景观有叠溪地震遗址、黑虎乡鹰嘴河群碉、营盘山新石器文化遗址、被誉为"建筑活化石"的羌寨群，以及红军石刻、战壕、千佛山战斗遗址等红色景观。

2020 年，茂县地区生产总值 43.03 亿元，比 2019 年增长 3.4%。其中，第一产业增加 8.91 亿元，增长 4.4%；第二产业增加 15.88 亿元，增长 3.8%；第三产业增加 18.24 亿元，增长 2.5%。三次产业结构比为 20.7：36.9：42.4。

2. 生态评价

　　景观生态安全评价方法是以景观生态学为理论基础，结合地理信息系统（GIS），对研究区的生态安全水平进行分类和评价，并分析研究区的景观格局动态变化过程。杨斌等（2018）以 Landsat 系列遥感数据为基础数据源，基于压力-状态-响应模型和景观生态学理论，采用层次分析法构建了景观生态安全评价指标体系，并对茂县生态环境进行了评价。

　　评价指标体系包含目标层、准则层及指标层 3 个层次。其中，准则层分为景观压力层、景观状态层及景观响应层，且每层包含若干个指标，选取指标时从研究区景观格局角度出发，尽可能地使指标具有易获取、可量化、相互之间具有独立性等特点（表 3-4）。通过对表 3-4 中的指标进行分析，得出人口压力（C_1）、城市扩展强度（C_2）、坡度（C_3）、热岛效应强度（C_8）和沟壑密度（C_9）为逆向型指标，即指标数值越大，生态安全情况越差；植被指数（C_4）、生态弹性度（C_5）、生物丰富度（C_6）、景观结构指数（C_7）为正向型指标，即指标数值越大，生态安全情况越好。

表 3-4　景观生态安全评价指标体系（杨斌等，2018）

目标层 A	准则层 B	指标层 C	指标类型
景观生态安全综合指数	B_1：景观压力层	C_1：人口压力	逆向型
		C_2：城市扩展强度	逆向型
		C_3：坡度	逆向型
	B_2：景观状态层	C_4：植被指数	正向型
		C_5：生态弹性度	正向型
		C_6：生物丰富度	正向型
	B_3：景观响应层	C_7：景观结构指数	正向型
		C_8：热岛效应强度	逆向型
		C_9：沟壑密度	逆向型

　　通过分析，得出的主要结论如下：①2000～2015 年茂县东部（包括光明乡、富顺乡、土门乡、东兴乡）的生态环境一直处于安全稳定状态；茂县南部（包括南新镇和凤仪镇）景观生态安全变化较小。此外，研究区内干旱河谷景观生态安全的变化较为明显，尤其是黑水河流域。尽管整个茂县的生态景观受到汶川地震的严重影响，但已逐渐得到恢复。②通过设置时间点，并引入转移矩阵法，分别计算出 2000～2007 年、2007～2015 年和2000～2015 年茂县景观生态安全变化情况。计算结果表明，2000～2015 年茂县景观生态安全平稳变化，变化面积及其比重均保持在一定的范围内。2000～2007 年，茂县的生态状况有所改善，但 2007～2015 年，茂县的景观生态安全水平有所下降，这主要是因为遭到汶川地震的破坏和自然灾害（如泥石流等）的侵袭。

　　毛巍等（2016）采用一种基于格网的自然生态环境评价技术，对茂县的自然生态环境进行了定量化评价,以茂县 2001 年、2007 年、2013 年的卫星遥感影像为基础,结合基础地理信息数据,辅以社会、经济、环境等统计数据,开展了自然生态遥感监测,分析了茂县 12a 自然环境的变化情况,同时基于 1km 格网,计算了茂县 2001 年、2007 年和 2013 年的生态环境状况指数。研究发现,茂县东部、中部以及南部的自然生态环境恢复良好,西部地区以及岷江沿线的自然生态环境改善不明显。

参 考 文 献

杜巧玲,许学工,刘文政,2004. 黑河中下游绿洲生态安全评价[J]. 生态学报,24(9):1916-1923.

贾良清,欧阳志云,赵同谦,等,2005. 安徽省生态功能区划研究[J]. 生态学报,25(2):254-260.

蒋贵彦,运迎霞,任利剑,2019. 基于 GIS-MCR 高寒藏区城镇生态安全格局构建及空间发展策略:以青海省玉树市为例[J]. 现代城市研究(4):106-111.

李卫朋,何舒婷,游泳,等,2019. 川西北典型县域生态农业效益评价:以平武县为例[J]. 西南民族大学学报(自然科学版),45(1):23-29.

毛巍,王萍,王新华,等,2016. 四川省茂县自然生态监测方法[J]. 地理空间信息,14(7):4,39-41.

欧阳志云,王如松,2000. 生态系统服务功能、生态价值与可持续发展[J]. 世界科技研究与发展,22(5):45-50.

邱硕,王宇欣,王平智,等,2018. 基于 MCR 模型的城镇生态安全格局构建和建设用地开发模式[J]. 农业工程学报,34(17):257-265,302.

施开放,刁承泰,孙秀锋,等,2013. 基于改进 SPA 法的耕地占补平衡生态安全评价[J]. 生态学报,33(4):1317-1325.

王嘉,高静,袁睦茜,等,2021. 生物保护视角下乡村景观生态安全格局构建:以山西省临汾市汾西县永安镇后加楼村为例[J]. 生态科学,40(1):155-161.

王琦,付梦娣,魏来,等,2016. 基于源-汇理论和最小累积阻力模型的城市生态安全格局构建:以安徽省宁国市为例[J]. 环境科学学报,36(12):4546-4554.

吴晓,2014. 三峡库区重庆东段生态安全评价研究[D]. 武汉:华中师范大学.

吴玉,2010. 基于 RS 与 GIS 的四川省若尔盖县生态环境状况评价研究[D]. 成都:成都理工大学.

肖笃宁,陈文波,郭福良,2002. 论生态安全的基本概念和研究内容[J]. 应用生态学报,13(3):354-358.

杨斌,李茂娇,程璐,等,2018. 多时相遥感数据在四川省茂县景观生态安全格局评价中的应用[J]. 测绘工程,27(4):41-48.

杨姗姗,邹长新,沈渭寿,等,2016. 基于生态红线划分的生态安全格局构建:以江西省为例[J]. 生态学杂志,35(1):250-258.

杨天荣,匡文慧,刘卫东,等,2017. 基于生态安全格局的关中城市群生态空间结构优化布局[J]. 地理研究,36(3):441-452.

尹海伟,孔繁花,祈毅,等,2011. 湖南省城市群生态网络构建与优化[J]. 生态学报,31(10):2863-2874.

俞孔坚,王思思,李迪华,等,2009. 北京市生态安全格局及城市增长预景[J]. 生态学报,29(3):1189-1204.

曾柯杰,2017. 生态安全视角下南川区柏枝河流域乡村规划研究[D]. 重庆:重庆大学.

赵春容,赵万民,2010. 模糊综合评价法在城市生态安全评价中的应用[J]. 环境科学与技术,33(3):179-183.

周星宇,郑段雅,2018. 武汉城市圈生态安全格局评价研究[J]. 城市规划,42(12):132-140.

Forman R T T,1995. Some general principles of landscape and regional ecology[J]. Landscape Ecology,10(3):133-142.

Knaapen J P,Scheffer M,Harms B,1992. Estimating habitat isolation in landscape planning[J]. Landscape and Urban Planning,23(1):1-16.

Zube E,1986. The advance of ecology[J]. Landscape Architecture,76(2):58-67.

第 4 章   生态乡村的目标定位与发展模式

4.1   生态乡村的目标定位

现阶段，全国正在全面实施乡村振兴战略，即统筹推动乡村产业振兴、人才振兴、文化振兴、生态振兴、组织振兴，建立健全城乡融合发展机制，加快推进农业农村现代化。因此，生态乡村总体发展目标的制定，应符合乡村振兴战略的要求，明确生态乡村的定位，提出近、远期发展目标与策略，并与上位空间规划充分衔接，确定村域国土空间总体布局规划、自然生态保护与修复规划、耕地与基本农田保护规划、产业与建设用地布局规划、土地整治与土壤修复规划、基础设施规划和居民点建设规划。而生态乡村规划中具体目标的制定，应以具体问题为导向。同时要结合乡村实际，构建规范的生态乡村建设指标体系（包括生态环境质量、生态保护与建设、社会经济发展、生态文明制度四个方面），对预期建设目标进行定量与定性的描述（陈玉鹏，2018）。

4.1.1   不同等级生态乡村的目标定位

1. 国家级生态乡村的目标定位

应参照 2006 年国家环保总局颁布的《国家级生态村创建标准（试行）》，以及国家关于新农村建设、美丽乡村建设和乡村振兴的最新政策，结合规划村域的特色和具体问题，制定国家级生态乡村的总体目标和具体目标，并参照生态乡村建设指标体系（表 4-1），创建国家级生态乡村。

表 4-1   生态乡村建设指标体系

指标类别	指标名称
生态环境质量	集中式饮用水源水质达标率/%
	农村饮用水卫生合格率/%
	地表水环境质量
	空气环境质量
	声环境质量
	基本农田土壤环境质量达标率/%
生态保护与建设	建成区与农村生活污水处理率/%
	建成区与农村生活垃圾无害化处理率/%

续表

指标类别	指标名称
生态保护与建设	重点工业污染源排放达标率/%
	饮食业油烟排放达标率/%
	畜禽养殖场粪便综合利用率/%
	农作物秸秆综合利用率/%
	农用化肥施用强度（折纯）/[kg/(hm^2·年)]
	农药施用强度（折纯）/[kg/(hm^2·年)]
	生态用地比例/%
	生态恢复治理率/%
	人均公共绿地面积/(m^2/人)
	乡镇环保财政支出占财政总支出比例/%
	森林覆盖率/%
	高原区考核林草覆盖率/%
	绿化覆盖率/%
社会经济发展	主要农产品中有机、绿色及无公害产品种植（养殖）面积的比例/%
	使用清洁能源的居民户数比例/%
	农业灌溉水有效利用系数
	村民年人均纯收入/[元/(人·年)]
	人均财政收入/(元/人)
	农业产业化率/%
	农村医保覆盖率/%
	农村基本养老保险覆盖率/%
生态文明制度	公众对生态文明乡镇的认知率/%
	中小学开展环保教育率/%
	生态文明知识普及率/%
	生态文明建设工作占党政实绩考核的比例/%
	政府采购环节产品和环境标志产品所占比例/%
	环境影响评价率及环保竣工验收通过率/%
	环境信息公开率/%
	党政干部参与生态文明培训比例/%

来源：2006 年颁布的《国家级生态村创建标准（试行）》，略有调整。

1）基本条件

（1）制定了符合生态乡村建设总体要求的乡村规划，科学布局，合理规划，村容村貌整洁，住宅和道路旁绿化带达到标准，河水清澈，空气清新。

（2）近两年没有发生环境污染和生态破坏事件，村民具有环境保护意识，并自觉遵守环境保护等方面的法律法规。

（3）经济、政治和文化等方面的发展符合国家政策要求。

（4）有环境保护方面的村规民俗，大力提倡生态文明建设，宣传环境保护，具有环境保护措施。

2）考核指标

国家级生态乡村考核指标见表 4-2。

表 4-2　国家级生态乡村考核指标

指标类别	指标名称	指标要求
经济水平	村民年人均纯收入/[元/(人·年)]	高于上一年度全国平均水平
环境卫生	饮用水卫生合格率/%	≥98
	户用厕所卫生化率/%	≥95
污染控制	生活垃圾减量化处理率/%	≥100
	生活污水处理率/%	≥80
	工业污染物排放达标率/%	100
资源保护与利用	清洁能源普及率和工业污染物排放达标率/%	≥85
	农膜回收率/%	≥90
	农作物秸秆综合利用率/%	≥90
	规模化畜禽养殖废弃物综合利用率/%	≥95
可持续发展	绿化覆盖率/%	高于全县平均水平
	农药化肥平均施用量/[kg/(hm²·年)]	低于全县平均水平
	节水灌溉率/%	高于全县平均水平
公众参与	村民对环境满意率/%	≥95

来源：2006 年颁布的《国家级生态村创建标准（试行）》，略有调整。

2. 省级生态乡村的目标定位

参照《关于印发〈四川省省级生态乡镇、生态村申报及管理规定（试行）〉的通知》（川环发〔2010〕95 号）、美丽乡村建设和乡村振兴方面的政策和规范，结合规划村域的特色和具体问题进行目标定位，创建省级生态乡村的基本条件和考核指标如下。

1）基本条件

（1）机制健全。建立了乡镇环境保护工作机制，成立了以乡镇政府领导为组长、相关部门负责人为成员的乡镇环境保护工作领导小组。设置了专门的环境保护机构或配备了环境保护工作专职人员，并建立了相应的工作制度。

（2）基础扎实。申报省级生态乡村需开展生态乡村创建工作一年以上，且 70% 以上的行政村达到市级以上生态乡村建设标准。编制了生态乡村创建规划，并经县级人民政府批准后组织实施了一年以上。

（3）政策落实。完成上级政府下达的主要污染物减排任务和污染源限期治理任务。认真贯彻执行环境保护政策和法律法规，辖区内无滥垦、滥伐、滥采、滥挖现象，也无捕杀、销售和食用珍稀野生动物现象，近三年未发生较高级别（Ⅰ级及以上）环境污染事件。基本农田得到有效保护。

（4）环境整洁。建成区布局合理，公共设施完善，环境状况良好。无"脏、乱、差"现象，秸秆焚烧和"白色污染"基本得到控制。

（5）群众满意。环境保护氛围浓厚，群众反映的各类环境问题得到有效解决。群众对环境状况的满意率不低于 96%。

2）考核指标

省级生态乡村考核指标见表 4-3。

表 4-3　省级生态乡村考核指标

指标类别	指标名称	指标要求
经济水平	村民年人均纯收入/[元/(人·年)]	高于上一年度全市平均水平
环境卫生	饮用水卫生合格率/%	≥96
	户用厕所卫生化率/%	≥90
污染控制	生活垃圾减量化处理率/%	≥95
	生活污水处理率/%	≥75
	工业污染物排放达标率/%	100
资源保护与利用	清洁能源普及率和工业污染物排放达标率/%	≥80
	农膜回收率/%	≥85
	农作物秸秆综合利用率/%	≥85
	规模化畜禽养殖废弃物综合利用率/%	≥90
可持续发展	绿化覆盖率/%	高于全县平均水平
	农药化肥平均施用量/[kg/(hm²·年)]	低于全县平均水平
	节水灌溉率/%	高于全县平均水平
公众参与	村民对环境满意率/%	≥95

3. 市级生态乡村的目标定位

参照《关于印发〈四川省省级生态乡镇、生态村申报及管理规定（试行）〉的通知》和市级层面关于美丽乡村建设及乡村振兴的政策和规范，结合规划村域的特色和具体问题进行目标定位，创建市级生态乡村的基本条件和考核指标如下。

1）基本条件

（1）行政村领导重视，干部群众支持创建工作，成立了生态乡村创建工作领导机构。

（2）村域有合理的功能分区布局，生产区（包括工业和畜禽养殖区）与生活区分离；生活污水及生活垃圾得到妥善处理。

（3）经济发展符合国家的产业政策和环保政策，新建企业严格执行环境影响评价和"三同时（同时设计、同时施工、同时投产并使用）"制度，工业企业无超标排放污染物行为，无国家明令禁止的重污染企业和新建设的化工、制革、农药、染料、印染、电镀等项目。

（4）村容整洁，环境优美，主要道路硬化、绿化；无乱丢乱堆垃圾和违法焚烧秸秆及垃圾等现象；村域内地表水达到相应的水环境质量标准，无污水横流，无露天粪坑，空气清新。

（5）群众有反映关于环境保护意见和建议的渠道，近三年没有发生环境污染和生态破坏事件，村民对环境状况满意。

2）考核指标

市级生态乡村考核指标见表 4-4。

表 4-4　市级生态乡村考核指标

指标类别	指标名称	指标要求
经济水平	村民年人均纯收入/[元/(人·年)]	高于上一年度全市平均水平
环境卫生	饮用水卫生合格率/%	≥95
	户用厕所卫生化率/%	≥85
污染控制	生活垃圾减量化处理率/%	≥90
	生活污水处理率/%	≥75
	工业污染物排放达标率/%	95
资源保护与利用	清洁能源普及率和工业污染物排放达标率/%	≥75
	农膜回收率/%	≥80
	农作物秸秆综合利用率/%	≥80
	规模化畜禽养殖废弃物综合利用率/%	≥90
可持续发展	绿化覆盖率/%	高于全县平均水平
	农药化肥平均施用量/[kg/(hm²·年)]	低于全县平均水平
	节水灌溉率/%	高于全县平均水平
公众参与	村民对环境满意率/%	≥90

4.1.2　不同地域生态乡村的发展定位

中国地域广阔，由于各个地区的社会、经济、文化、自然、地理等差异较大，乡村规划及乡村发展具有特殊性。不同地区乡村具有明显的地域特征，而传统聚居方式能适应不同生态环境并呈现出多元结构。当前，乡村地区在经济、社会、生态与规划层面客观存在着多重差异，因此，各地区生态乡村的发展定位应切合本地区实际情况。川西北地区位于青藏高原东南边缘，为长江、黄河、澜沧江源头和重要的水源涵养地，属全球生物多样性关键保护区域，是青藏高原生态屏障的重要组成部分，也是国家重要生态屏障主体功能区（雷林，2016）。川西北地区具有独特的地理位置、自然资源禀赋和经济文化发展特色，应仔细梳理区域内的乡村类型并做好发展定位。

1. 川西北生态脆弱的沙化地区生态乡村发展定位

半个世纪以来，由于气候变化和人类过度干扰，川西北沙化面积增加了 5.3 倍（雷林，2016）。当前，为了推进国家生态文明建设，夯实生态屏障功能，必须从根本上遏制川西北沙化蔓延等生态环境问题。而在生态脆弱的川西北沙化地区，进行生态乡村的构建是改善人居和自然生态环境，促进人与自然和谐共处的重要途径。

1）总体定位

根据川西北地区经济社会、自然环境的发展特征和生态承载功能，可知该地区具有以下特征：①环境承载能力弱，不具备人口大规模集聚和进行工业开发的基本条件；②既是多种资源富集的区域，又是工业开发落后的典型农牧业经济区域；③人口布局分散，社会公共事业发展滞后（裴伟征等，2012）。

基于上述特征，川西北沙化地区的主体功能应定位为：优先确保水源涵养、生态保育、蓄洪防旱和保护生物多样性等重要生态功能的发挥；在实现生态系统保护、区域生态环境改善的基础上，重点解决农牧民的民生问题；抓好特色生物资源开发，建成世界生态旅游目的地，推进社会经济的全面可持续发展（裴伟征等，2012）。

2）发展战略

四川省防沙治沙工作的重点是推进沙地综合治理试验示范工作（王信建等，2007），所以川西北生态脆弱的沙化地区的生态乡村发展战略应重视防沙治沙工作，在将生态环境保护与适度开发相结合的基础上，使美丽乡村建设和生态文明建设二者相融合，大力加强特色生态产业的建设，打造宜居的生态乡村。

（1）政府做好政策支持，推进人口合理布局。①在川西北生态脆弱的沙化地区应建立相关的政策机制，积极引导居民从生态脆弱区转移，比如从限制开发区和禁止开发区向外转移，或从国家自然保护区向外转移。②积极推进生态移民工程，加快生态乡村建设。

（2）强化科技支撑，推进生态恢复与重建。①依靠先进的科学技术积极推进生态环境的恢复与重建，比如利用"3S"技术动态监测沙化地区的生态环境状况，并根据动态监测数据做出相应的对策调整。②加快制定防沙治沙政策规划，把防沙治沙规划与生态建设规划、土地利用总体规划和水资源规划相结合（裴伟征等，2012）。认真贯彻落实各项政策，并调动区域内各部门和群众的积极性，以为推进生态恢复和生态乡村建设提供重要保障。

（3）推进低碳经济发展战略，拓宽可持续发展渠道。①在发展三大产业时应综合考虑其对生态环境的影响，第一、二产业的发展对川西北生态脆弱的沙化地区的破坏较大，应逐步降低第一、二产业在该地区产业中的比重，合理提高第三产业的占比。②加快建设低碳经济区：首先，积极探索农业和牧业良性循环发展的模式；其次，依靠科技创新减少手工业及制造业对生态环境的破坏，推动区域内工业园区的建立，集中统一处理工业废弃物；最后，因地制宜地推动生态旅游业的可持续发展，依托当地特色乡土文化和自然生态环境打造具有当地特色的旅游业。

2. 川西北生态屏障区的山地生态乡村发展定位

1）总体定位

近年来，我国对生态文明建设的重视程度不断提高，并围绕生态环境保护、水土治理和城市"绿肺"打造等建设了生态屏障区，如青藏高原生态屏障区、长江上游绿色生态屏障区和三峡库区生态屏障区等（李亚平和孙晓玮，2021）。这些生态屏障区的建立对于川西北生态屏障区的规划与乡村建设具有宝贵的借鉴意义。生态优先、因地制宜是川西北生态屏障区山地乡村的重要战略定位。

2）发展战略

（1）生态优先，因地制宜。川西北地区独特的生态环境是生态乡村发展的重要优势，生态屏障区的山地乡村在发展时首先要做到生态优先，并坚守土地、资源、环境红线，走生产发展、生活富裕、生态良好的发展之路，把保护耕地、林地、草地、水域等作为发展前提。生态屏障区的山地乡村生态敏感性强，生态系统稳定性差，很容易受到外来干扰的影响（杨锦滔，2006）。因此，针对现实因素，川西北生态屏障区的山地乡村应考虑自然条件相似性、生态系统完整性、生态地理单元连续性和建设实践可操作性等方面进行因地制宜的发展。

（2）优先发展山地循环型生态产业。即以典型的山地地形地貌为基础，发挥天然的高程差优势，合理利用农业资源、生物资源以及作物生长空间，打造立体生态循环模式。例如，山地种养循环模式，既解决了生猪养殖粪污处理问题，又满足了作物生长需求，同时该模式还利用高程差实现了自流方式的灌溉，降低了生产成本，提高了农业整体经济效益（罗强月，2019）。

3. 川西北生态敏感区的干旱河谷生态乡村发展定位

干旱河谷是一种独特的自然景观，其特点是气候偏干燥、偏暖，植被为旱生或半旱生的草木及灌木，不适合森林生长。由于干旱河谷中土壤的水分和有机质含量低，在高温的作用下，土壤中的有机质容易分解殆尽；在大风和强蒸发条件下，土壤中的水分容易蒸发，从而致使土壤松散膨胀。雨季时，较小的雨量即可导致严重的土壤侵蚀，局部地区甚至会出现岩石裸露（田静，2004）。

1）总体定位

川西北干旱河谷地区地处长江上游，生态环境很脆弱，极易因受到人为不当开发活动的影响而产生负面生态效应（郝静文，2018）。川西北干旱河谷地区也是国家生态文明建设重点区域，但由于干旱河谷地区的生态环境复杂多变，其生态乡村的发展更需要适应当地的生态环境，做好生态保育和生态产业发展工作。

2）发展战略

（1）加强对自然保护区等生态敏感区的保护。严格按照相关法规条例对生态敏感区进行管理。其中自然保护核心区应采取全封闭式管理，禁止进行砍伐、狩猎、旅游等活动，以及建设任何生产设施。缓冲区内严格保护重要物种，禁止进行砍伐、狩猎、开荒、采矿、采石、挖沙等破坏环境的活动，以及建设污染环境、破坏资源或者景观的生产设施。试验区内可以根据本地资源情况进行适度开发，如推广具有地区特色的种植和养殖业、野生动物的繁殖和驯养以及开展生态旅游活动等，但不得建设污染环境、破坏资源或者景观的项目，而其他项目其污染物排放量必须符合国家和地方制定的污染物排放标准（孙书平和武韬，2021）。风景名胜区一级保护区内严禁乱砍滥伐和开山采石等破坏性活动，以及建设与风景区无关的工程，限制居民活动和机动车辆进入；二级保护区内有计划地实施封山育林，培育乡土树种，营造植物景观，加强风景林与经济林建设；三级保护区与外围保护地带不得安排有污染的工矿企业，禁止破坏景观环境。森林公园内不得兴建破坏森林资源和景观、妨碍游览、污染环境的工程设施，以及擅自填堵森林公园内的自然水系；禁止在森林公园内超标排放污水，以及乱倒乱扔生活垃圾和其他污染物。

（2）强化干旱河谷地区水土流失治理。区域内结合工程措施与生物措施，实施水土保持示范性工程；选用抗逆性较强的物种构建复层混交植物群落，同时实施封育管护和抚育管理，降低地表径流量，控制水土流失。

（3）因地制宜，发展生态农业。不断改善农业生产条件，整合土地、技术、劳动力，发展生态农业；将种植业与养殖业相结合，利用动物粪便、可降解有机物堆肥提供农作物生长所需的肥力，减少化肥使用量；使用高效、低毒性且安全的农药，保护生态环境。

4.2　生态乡村发展模式

在生态文明建设和乡村振兴战略背景下，应把加快生态乡村建设作为乡村高质量发展的重要举措，明确生态乡村发展战略目标，确立"立足生态、注重内涵、综合开发"的总体发展思路，以实现生态建设与城乡经济社会发展相协调，以及经济效益、生态效益、社会效益的有机统一，形成生态乡村创新发展模式。根据当前的国情，我国应着力发展生态农林业、清洁能源、有机食品、乡村生态建筑及其材料、乡村生态旅游业等生态产业，同时在环境能够承载的情况下，加强绿色基础配套设施体系建设，加快发展新型生态绿色经济产业，以促进我国乡村生态文明建设和社会经济可持续发展。

4.2.1　乡村生态产业发展模式

发展产业是推动一个地区发展的关键，基于乡村振兴战略的乡村生态产业发展模式需要因地制宜，准确把握当地的优势和特色，合理开发生态产业。生态产业的发展目标是按照产业兴旺、生态宜居、乡风文明、治理有效、生活富裕的要求，助力我国加快推进农业农村现代化（李嘉建，2019）。

　　1. 生态农业产业

　　1）生态农业的概念

　　生态农业是指按照生态学和经济学原理，遵循自然规律，综合运用现代科学技术与管理手段并基于传统农业智慧建立起来的一类环境友好型农业模式，是能同时获得经济、生态和社会效益的高效生态产业。生态农业也是以地区生态为基础，以智慧经济为主导，以大健康产业为核心的健康农业、绿色农业和再生农业。其以长期性、生态性、和谐性为基础属性，要求在推动农业经济高速发展的同时加强生态文明建设，有效保护生态环境，构建社会经济和自然生态和谐共生的良好局面，形成"绿水青山就是金山银山"的产业效应，彰显生态文明建设与乡村振兴战略的叠加效应（毛江晖，2021）。

　　在全面推进乡村振兴战略的过程中，大力发展生态农业有助于加快乡村农业产业转型升级，推动农村经济高质量发展。而发展生态农业要在保护自然资源、维护生态平衡的同时，提升农业产业综合生产效率，注重农业产业的可持续性和生态性，使农业产业的发展建立在生态承载能力之上，把农业产业的发展对地区生态的破坏控制在最低限度，从而促进乡村经济质量和环境质量的提升。

　　2）生态农业的发展模式

　　应使农、林、牧、渔业全面发展，避免农业类型单一，促进集约化、生态化生产：发展现代生态农业，积极推广新技术和机械化生产，发展种养大户、家庭农场、农民专业合作社等新型经营主体；发展现代生态林业，提倡高效种植具有生态特色的经济果林和花卉苗木，推广先进适用的林下经济模式；发展现代生态畜牧业，推广畜禽生态化、规模化养殖；在水资源丰富的村庄发展现代生态渔业，落实休渔制度（张雪等，2018）。

　　（1）政府引导，企业参与，提高农业绿色经营水平。政府要加大对农业绿色发展的支持力度，通过设立专项资金支持地区生态农业产业化示范基地的创建，为耕地休耕轮作、节水灌溉、农业环境保护等提供资金支持。同时，要鼓励和引导农业企业到乡村发展，通过建立生态农业产业基地，做长产业链，推动农业向产业化和集约化发展。

　　（2）完善经营机制，推进农业生产方式转变和技术革新。从现实情况看，目前能真正促进农业生态化发展的体制与机制还未健全，需要不断在实践中完善。另外，要建立健全统分结合的稳定经营管理机制，以保证农业企业和农户的生产积极性，形成可持续良性循环发展的生态农业体系（毛江晖，2021）。

　　（3）完善社会服务体系，加强宣传培训，推动农业生态化发展。只有农业实现了规模化、专业化、集约化发展，才能实现农业生态化发展，而社会服务体系的完善是农业实现规模化与专业化发展的基本保障。政府在推动农业生产的过程中，必须树立生态化、自然化、绿色化和创新的发展理念，深化农业供给侧结构性改革，以"质量兴农、绿色兴农、品牌强农"为乡村农业产业的发展标准和要求，全面提升乡村地区生态农业的质量、效益和竞争力，打造生态宜居环境。

　　（4）加强宣传教育，引导公众积极参与生态循环农业发展，重点抓好生态农业建设专题培训、新型职业农民培育、基层农技推广人员培训等，为生态农业的发展提供人员和技术支持。

综上所述，发展生态农业是推进绿色发展和乡村振兴进程中的必然选择，生态农业是生态乡村建设的重要产业基础。发展生态循环农业产业，有助于三产融合和城乡融合发展。而要大力发展生态农业，需要在政府主导下，全社会共同参与，并在实践中不断探索、不断总结、不断创新，以找到最佳发展路径。

2. 乡村生态旅游产业

1) 乡村生态旅游的概念

近年来，一些城市周边形成了乡村旅游休闲度假带，以乡村生活、乡村民俗和田园风光为特色的乡村旅游迅速发展。而乡村生态旅游是指结合乡村区位条件和自然资源本底，以旅游观光、乡村体验、休闲娱乐和生态科普教育为主要功能的乡村产业模式。发展乡村生态旅游，对于川西北地区来说，可谓"天时地利人和"。川西北地质和生境类型丰富，历史文化、民族文化、红色文化、生态文化源远流长，而发展乡村生态旅游有助于川西北地区发掘地域特色和生态、人文优势，推进乡村高质量发展。

2) 乡村生态旅游产业的发展策略

（1）原生态文化旅游发展策略。创新发展是实现互动融合发展目标的驱动力，在乡村振兴战略背景下，应注重落实原生态文化旅游的发展策略，将乡村文化作为乡村生态旅游业的重要核心要素；构建有原生态特色的观光农业，让游客观赏自然景观，体验农村生活，促进人与自然和谐相处；深度挖掘当地乡村文化内涵，鲜明体现乡村生态旅游业特色，推广乡村特色旅游农产品，从而打造充满活力的魅力乡村，带动乡村经济发展（杨样，2021）。

（2）科学规划，注重合理布局。要将乡村振兴战略融合于乡村生态旅游，需要在布局规划环节加强协调控制，当地政府部门需要结合地方总体规划，统筹协调区域内的乡村旅游业。规划布局的过程中要按照"点连线、线带面"的思路，使乡村旅游景点连线形成精品旅游线路，并通过将产业化以及规模化的旅游运作体系作为支撑，促进当地农村经济良好发展。

（3）拓展营销网络，加大宣传力度和政策、资金支持力度。应通过政府推动以及企业联合，并运用灵活多样的营销手段，借助自媒体、视频直播以及公众号推广等积极拓展营销网络，介绍乡村生态旅游景点及生态文化特色，塑造乡村良好形象；发挥政策、财政和金融的作用，加大招商引资的力度，为乡村生态旅游产业的发展提供驱动力。

（4）培养专业人才。应依托专业培训机构以及旅游专业院校，培养专业的旅游服务人才，并定期开展旅游经营者汇报工作，以有效提升乡村旅游服务整体水平。

3. 生态复合型产业

1) 生态复合型产业的概念

生态复合型产业从本质上讲就是以节约资源、清洁生产和废弃物循环利用等为特征，以现代科学技术为依托，运用生态规律、经济规律和系统工程的方法进行经营和管理的一种复合型产业模式（徐全红，2013）。

2）生态复合型产业的发展策略

（1）编制标准规范，加强对生态复合型产业的建设管理。政府层面加快出台具有地域特色的关于生态乡村建设和产业发展的标准规范；制定符合区域国土空间、生态环境保护要求等的生态复合型产业专项规划，以规范指导生态复合型产业的创建和管理工作。

（2）落实"双碳（碳达峰和碳中和）"目标，加快低碳循环经济的发展。在国家实施"双碳"战略背景下，制定节能减排、资源集约利用、科技创新等相关政策，优化产业结构，提高资源利用率，加强对清洁能源的开发利用，推动低碳循环经济的发展；加强碳排放管理，开展碳达峰及碳中和路径研究，着力打造绿色低碳产业集群；加强碳汇建设，提高绿化率，增强固碳能力；构建以产业区域主导产业为主、其他相关产业相配套的循环经济产业体系和完整系统的生态产业链。

（3）实施绿色发展，加强科技创新，加大生态建设驱动力。严格制定水、大气、土壤和固废等污染物总量控制机制，加快污水排放基础设施建设，重点实施节水技术改造、中水回用和循环水改造项目，提升水资源利用率；健全大气污染联防联控机制，加快实施污染减排重点工程；加强对温室气体与大气污染物的协同治理；做好土壤污染防治管控和修复工作，开展土壤风险污染源筛查和重点防控区域专项整治工作；推进"绿岛"和生态安全缓冲区等的建设；开展环保智慧管理平台建设和环境污染第三方治理，提升污染治理效率和水平，推进治理现代化。同时，开展重点行业或领域的产业共生链研究和示范工作，加强对生态化发展的技术支撑和创新能力，做好技术攻关、成果转化，加大人才培养力度；鼓励龙头企业深入乡村并融入乡村产业的发展，建立一二三产业融合的生态复合型产业，保护乡村生态环境，提升乡村经济活力，加快生态乡村的产业建设。

4.2.2　乡村生态村落建设发展模式

1. 城郊融合型村庄

城郊融合型村庄一般散布于县域内较发达地区的外围，在土地二维形态上基本与城镇相融合，其设施条件和交通条件已满足生产生活基本需求，且建设规模正在逐步扩大。城郊融合型村庄必须基于上位规划赋予的定位和发展方向来进行发展，其基础设施和公共服务设施则需要依据人口和村庄面积进行合理规划和具体布置。

城郊融合型村庄的发展促进了城乡资金、技术、人才、管理等要素的双向流动，可有力推动整个县域的经济发展。

2. 集聚提升型村庄

集聚提升型村庄主要分布在各种交通干道、乡镇附近、交通节点以及河流交界处，具有优越的地理位置。发达的交通也带动了乡村经济的发展，并促使其他村庄逐渐靠拢，从而形成更大规模的村庄社区。这类村庄的发展应当立足实际，依据当地的各类要素（如交通道路、自然环境和民俗文化等），强化自身所具有的核心优势，巩固主导产业的核心支柱地位,引导周边村庄向集约化、专业化领域发展。

集聚提升型村庄中,有一部分村庄分布得较为均匀,各个村庄之间通过主要道路连通。这些村庄的建设应更加注重完善公共服务设施和环境整治等方面,在保持村庄自身地貌、地形、自然环境以及满足建控要求的基础上,对建筑风格和建设强度进行合理引导与控制。同时应以增减挂钩、提质增效为原则,严格控制村庄集体产业用地规模。

3. 特色保护型村庄

特色保护型村庄沉淀了较高的美学价值、社会价值和历史价值。但随着经济发展和人类干扰的加剧,某些特色保护型村庄及其文化景观的保护面临着巨大挑战。因此,保持原生态、完整性和延续性是这类村庄改造的重点,即在充分尊重原有历史肌理的基础上,运用拆除、修缮、改建和功能置换等方式对村庄进行建设和维护,以改善和提升村庄的居住环境和居住品质。

不同类型的特色保护型村庄要制定不同的发展策略:充分挖掘历史文化,将历史文化与旅游相结合;依据产业现状和特点,将生态农业发展与特色产业培育相结合,优化产业布局;推动产业品牌化以及集群化,构建完善的特色产业网络,让乡村经济成为村庄发展振兴的重要支柱。

4. 搬迁撤并型村庄

搬迁撤并型村庄是指人口流出严重、基础设施匮乏的“空心村”,以及位于行洪滞洪区、基础设施走廊、湿地公园、生态资源保护区等范围内需要搬迁的村庄,其严格限制新建、扩建活动,实行有序搬迁撤并。应坚持将村庄搬迁撤并与新型城镇化、产业发展相结合,依托县城、小城镇、现代农业园区、特色小镇、田园综合体等促进农民就地就近安居和转移就业,防止新建孤立的村落式移民社区。

4.2.3　乡村生态空间发展模式

1. 乡村生态空间的概念

乡村生态空间是乡村国土空间的重要组成部分,是生态服务功能、生态产品的核心载体。生态空间相关研究因工业化发展带来诸多城市问题而兴起,因此,城市地区一直是生态空间研究的热点区域。在国外,霍华德著名的田园城市理论描绘了城乡空间中理想的生态空间网络,掀起了生态空间研究热潮。同时,美国学者提出了“生态导向”这一概念,并迅速在全球范围内得到积极响应。此后,生态基础设施、区域绿地、生态廊道、生境网络和环境廊道等概念相继出现。在国内,生态空间研究同样集中关注城市地区,而乡村生态空间研究却未受到足够重视。由于乡村地区的人口、土地和社会经济发展程度等都与城市地区存在很大区别,因此,乡村生态空间在规模数量、组成结构、格局和功能目标等方面都与城市生态空间有所不同。

　　中国大部分乡村因受到工业和城镇化的影响，其生态系统功能退化，资源环境遭到严重破坏。例如，土壤板结导致土壤肥力下降，化肥、农药和废弃物污染土地导致生产力和生物多样性减弱以及农产品质量骤降等，乡村的基础设施不足，乡村生活、农业生产和工业污水没有经过净化便随意排放，导致乡村环境日益恶化。这些都对生态环境以及农业的可持续发展构成严重威胁。

　　2. 乡村生态空间的发展策略

　　乡村聚落空间变化与当地村民对自然环境的改造利用有密切联系。根据生态空间演化特征，近六十年来，大量林地、耕地等生态空间、生产空间被生活空间取代，减少的耕地多转变为新增建设用地，且以宅基地和基础设施类建设用地为主。人类活动对生态空间的侵蚀和破坏，使生态环境的承载能力和生物多样性均受到影响，生态空间破碎化程度加剧，这降低了生态系统的稳定性。为进一步满足乡村发展与生态保护的双重需求，提升生态系统服务功能及价值，本书结合生态空间治理管控要求提出以下策略。

　　1）推动生态空间网络重构，增强生态空间稳定性

　　生态空间网络重构是对一定尺度的生态系统进行空间整合的过程，也是一种有效的生态空间规划方法。在自然状态下，稳定的生态系统表现出空间连续性和完整性，但各种自然因素或人类的干扰有可能促进斑块及节点变化，进而降低生态系统稳定性。进行生态空间网络重构时应识别生态空间构成要素，分析其作用机制及作用规律，并通过新增生态源地，均衡整体布局；调整生态廊道，加强网络联系；提升生态节点功能，完善生态网络，提升生态空间结构和功能的稳定性。

　　2）加强分类管控，精准实施生态保护和修复

　　为实现生态保护与产业发展的双重目标，各地区乡村需要因地制宜地实施分类管控，而对生态空间构成要素的管控应体现出差异化与精准性。对于重要生态源地、廊道和节点，应严格遵守生态保护优先原则，完善强制性和约束性生态保护措施，加强对生态环境变化的动态监控和跟踪反馈，提倡具有可恢复性的空间开发模式，逐步修复破碎化的生态源地。对于一般性生态源地、廊道和节点，应突出对生态源地完整性的保护，以限制性生态保护措施为主，同时采取生态修复、轮作和轮伐、休耕等方式，降低生产、旅游活动对生态空间的负面影响。此外，要提升村域"三生"空间治理水平。一是要提升生产空间生态化水平：修复乡村植被；严禁占用耕地进行旅游开发，确保旅游项目对生态环境的影响可控。二是要提升生活空间生态化水平：加强"空心村"整治，引导村宅适度集中并有序建设，提升宅基地利用率；注重住宅庭院空间、周边公共休闲空间及生态空间的有机串联，加强生态景观营造。三是要注重生态空间网络构建，改善"三生"空间的结构和功能，提升空间综合效益。

　　3）重视村庄规划引导，提升生态保护实效

　　乡村生态空间保护是乡村可持续发展的基础。村庄规划是具有实用性和"多规合一"的详细规划，生态空间治理是村庄规划中实施生态功能调控和改善乡村建设方面的重要内容。一方面，可通过乡村规划引导各级政府、相关企业、当地村民等组成多元化的开发建设主体，转变粗放的土地利用方式，统筹安排"三生"空间格局，引导人口及产业

适度集中布局，提高空间集约利用率。另一方面，要突出生态保护优先理念，采用生态空间重构方法提升生态空间的功能稳定性，加强生态空间管控，提升生态系统服务价值，建立生态保护行为自主调节机制，提高生态保护和建设实效。

4.3　川西北典型生态乡村的目标定位与发展模式

4.3.1　以循环农业发展模式为代表的三台县生态乡村建设实践

1. 三台县概况

三台县是中国麦冬之乡，也是全国最大的麦冬种植基地、麦冬交易集散地、麦冬科研及精深加工聚集地和"涪城麦冬""绵麦冬""川麦冬"的出产地，其麦冬常年种植面积达 5 万亩，适宜种植面积尚有十余万亩，总产量占全国的 70% 以上，出口量占全国的 80% 以上，产值近 11 亿元。同时，三台县是全国生猪调出大县、全国瘦肉型商品猪生产基地、四川省国家优质商品猪战略保障基地、国家粪污资源化利用重点县、四川省现代畜牧业重点县。多年来其生猪出栏量都稳定在百万头以上，其中 2018 年生猪出栏量近 120 万头，存栏生猪 71 万头（其中能繁殖的母猪 7.5 万头），位居全国前四十强。基于良好的产业基础，三台县政府将生猪产业列为畜牧业唯一主导产业、农业三大主导产业之一，全县生猪产业提质增效成果明显，并已初步构建起集生猪育种、育肥、屠宰、加工、科研、种养循环于一体的现代生猪产业体系。

三台县现代农业产业园坚持"绿水青山就是金山银山"的发展理念，从农牧结合、循环发展入手，因地制宜、因场施策，坚持全面推行农户微循环、园场小循环、合作中循环、市场大循环四种循环发展模式，以铁骑力士"枫叶牧场"、明兴农业等为核心，建成了按照 1:5（1 亩麦冬消纳 5 头猪所产粪污）的比例配套建设周边种植基地的合作循环示范区；培育了麦丰麦冬三沼综合利用合作社、绵阳市泰翔有机肥厂等市场化运作的粪污利用主体。2018 年其畜禽粪污综合处理率和规模化养殖场粪污处理设施装备配套率均达到 100%，畜禽粪污综合利用率达到 98% 以上，其中以肥料化、能源化为主的资源化利用率达到 95% 以上。

2. 发展定位

（1）建立全国优质麦冬生产示范区。以产业园为载体，以创新为驱动力，整合并集聚人才、科技、信息等要素，推动三台县与我国其他麦冬主产区的"农科教、产学研"大联合、大协作，探索科技成果转化应用新模式，搭建科技研发和共享平台，开展重大技术攻关和集成应用，提高我国麦冬原产地自主科研创新能力；充分挖掘麦冬资源优良遗传特性，依托三台县特有的地理条件，打造麦冬品种育种基地，为产业发展提供持续有力的支撑；建立健全符合国际进出口标准的麦冬质量控制标准体系，研发并推广绿色防控技术规范体系。全面拓展大数据在麦冬种植领域应用的广度和深度，提高产业链的影响力，由此带动三台县建成全国最大的麦冬种植基地、最大的麦冬交易集散地、最大的科研和产品精深加工聚集地，将产业园打造成技术先进、装备齐全、保障有力的全国麦冬生产示范区。

（2）建立全国种养循环示范区。围绕产业园 3 万亩麦冬基地，依托铁骑力士、明兴农业繁育基地，以种养结合为基础，以机制创新和技术创新为手段，在加快生猪产业转型升级的基础上，积极探索适合丘陵地区的绿色发展模式，同时提高劳动生产率、资源转化率，构筑产业园种养平衡、布局合理、生产集约、质量安全、加工高效、环境友好的全国种养循环示范区。

（3）建立四川乡村振兴创新试验示范区。以主导产业为核心，建立健全区域特色鲜明、运行高效、机制协调的产业体系、经营体系和生产体系，培育产业园发展新动能，加快推进农业产业转型升级，提高农业的综合效益和竞争力，带动三台县农业产业发展兴旺；以种养结合、资源循环利用为基础，提升生态系统服务功能，促使产业园生态宜居；以麦冬文化、农耕文化等区域文化的重建为契机，以社会主义核心价值观的推广为重点，促进产业园乡风文明；以健全基层组织、村民自治组织和村务监督组织为基础，创新集体经济制度和农民合作制度，增强党在产业园基层的凝聚力和向心力，促进产业园得到有效治理；以农村综合改革为核心，以体制机制创新、激发经济活力为驱动力，拓宽农民的收入渠道，使产业园农民生活富裕。

3. 发展模式

（1）川中丘陵立体生态循环模式。以川中丘陵典型的地形地貌为基础，发挥天然的高程差优势，合理利用农业资源、生物资源以及作物生长空间，打造适合产业园的立体生态循环模式，即"龙头企业＋基地＋农户"模式：龙头企业在山顶建设标准化养殖场，并且配套建设和安装化粪池、肥水输送管道和干湿分离设备等基础设施设备；根据丘陵的自然环境和条件，农户选择在山腰种植柑橘、藤椒等林果，在山前平原地带种植麦冬、大蒜等作物；养殖场将经过发酵、过滤等处理的肥水通过输送管道在高程差的作用下输送到山腰、山脚的种植基地，以灌溉中药材、林果、蔬菜等作物，而粪污可以用于沼气发电，以满足周边居民日常用电，沼液可用来灌溉作物，沼渣可作为生产有机肥的原料。该模式既解决了生猪养殖中的粪污处理问题，又满足了作物生长需求，同时还利用高程差实现了自流方式灌溉，从而降低了生产成本，提高了农业整体经济效益。川中丘陵立体生态循环模式如图4-1所示。

（2）麦冬-生猪全产业链融合发展模式。以可持续发展理念为宗旨，运用生态学、循环农业经济学原理，遵循物质循环和能量流动的基本规律，按照"种养—加工—科技—文旅"全产业链发展思路，采用先进科学技术和现代管理方法，以麦冬种植、生猪养殖、农产品加工为核心，以沼气、有机肥加工为纽带，科学合理地布局产业。采用清洁生产方式，推动农业生产减量化、再利用、再循环，实现农业规模化生产、加工增值和副产品综合利用。构建农业产业技术支撑体系，积极拓展农业多种功能，发展电子商务、休闲观光、农业服务等新兴业态，延伸产业链，提升价值链，拓宽增收链，完善利益链，促进农业生产和销售紧密衔接，推动一、二、三产业融合发展。麦冬-生猪全产业链融合发展模式如图4-2所示。

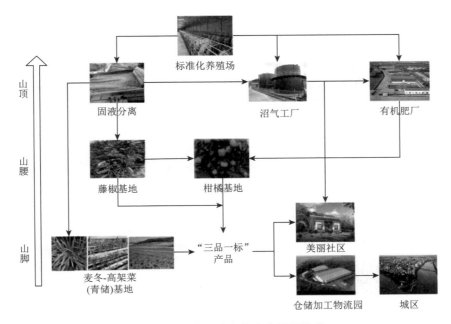

图 4-1 川中丘陵立体生态循环模式

来源：《四川省三台县现代农业产业园总体规划（2019～2022 年）》。

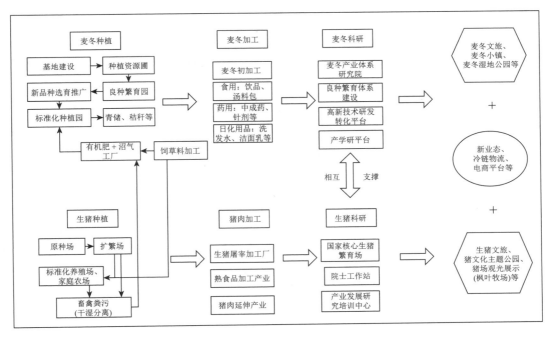

图 4-2 麦冬-生猪全产业链融合发展模式

来源：《四川省三台县现代农业产业园总体规划（2019～2022 年）》。

4. 效益分析

（1）经济效益分析。在充分进行市场调查的基础上，根据产业园建设项目，以产业园及其周边地区 2018 年农产品的市场价格为依据，参考产业园所在地 2016～2018 年三年平均投入产出水平，将国内同期统计资料和市场预期状况作为产业园的效益估算依据。截至 2020 年，产业园已完成建设，并满负荷运转，根据初步估算，其年产值 30.1 亿元，预期利润可达 8.9 亿元。

（2）社会效益分析。①有利于实现农业的高产高效。规划的实施，有助于扩大农业经营范围，促进农用土地、劳动力、资金等生产要素的合理集聚，提高土地生产率和劳动生产率；同时可以产业园为平台，带动餐饮、交通运输、农产品加工等行业的发展，增加农业生产的附加值。②有利于提高农产品质量安全水平。良好的生态环境是生产有机绿色安全农产品的理想环境，产业园在土壤改良、水质改善、环境质量不断提升的基础上，坚持按照有机绿色、安全和标准化、规范化的生产方式以及现代加工及物流作业规程，为三台县乃至四川农产品的安全化生产提供良好示范，提高了区域食品安全水平。③有利于区域多功能农业的开发。麦冬特色小镇、涪江生态观光带、采摘园以及麦冬博物馆等项目的打造，增加了旅游资源，拓展了旅游空间，促进了"三产"之间的相互关联、相互促进和有机结合，形成了具有多种功能的现代高效农业产业体系，具有明显的社会公益性。

截至 2020 年，三台县产业发展带动 9.5 万人就业，农村居民人均可支配收入突破 2.5 万元，麦冬特色小镇等旅游项目年接待游客 80 万人次，实现营收 1600 万元。

（3）生态效益分析。通过实施一批能够实现土地质量提升、农业废弃物资源化利用的项目，促进了产业园生态环境不断改善，生态系统服务功能得到有效恢复和增强。另外，在坚持经济效益、社会效益与生态效益并重的同时，注重在产业园中运用环境友好型生产技术，科学合理地规划和布局各功能区，建设了污水、垃圾处理设施，加强了水产养殖投入品废弃包装物回收处理，并通过示范推广促进了周边农村采用生态友好型环保技术进行生产，从而减少了环境污染，保护了生态环境，改善了当地农村生态环境状况；全面推行"一控两减三基本"政策，实现"三不、两零、一全"的总体目标。截至 2020 年，三台县绿色食品、有机产品和地理标志产品认证面积达到 2.5 万亩，生产标准化、经营品牌化、质量可追溯水平显著提升，农产品质量安全抽检合格率达到98%以上，高标准农田面积占耕地总面积的 80%以上，农业废弃物资源化利用率及回收处置率达到98%以上。

（4）规划效果。麦冬特色小镇规划，深入挖掘了麦冬产业的生态价值、休闲价值、文化价值，着重利用"以产养游"的发展模式，融合民俗风情、健康养生、观光旅游、农事体验等农业发展新业态。规划重点布局康养休闲和产业展示两大板块，规划效果如图 4-3 所示。

按照规划已在园区建设了一个"枫叶牧场"繁育中心，其占地 500 余亩，总投资 2.5 亿元；计划存栏优质种猪 1.5 万头，年出栏优质商品仔猪 40 万头。该规划力图将繁育中心打造成亚洲最大的北欧式现代"梦想猪场"、西部最大的区域循环农业样板、生猪智慧养殖示范基地、农村一二三产业融合的亮点工程，规划效果如图 4-4 所示。

图 4-3　麦冬特色小镇

来源：《四川省三台县现代农业产业园总体规划（2019～2022 年）》。

图 4-4　"枫叶牧场"鸟瞰图

来源：《四川省三台县现代农业产业园总体规划（2019～2022 年）》。

4.3.2　以生态旅游发展模式为代表的平武县桅杆村生态乡村建设实践

1. 桅杆村概况

桅杆村位于平武县平通镇东南部，是平武县的南大门，距平通场镇 1km，距平武县城 85km，处于九环线东线。据史料记载，从明朝开始，平通梅林以梅树、梅花、果梅、梅产品为主的"梅文化"已延续了 600 余年，其中果梅历史最为悠久，"平武鸳鸯梅""大青梅"均为本地特有珍稀果梅品种，而当地的"梅线"更是古代宫廷贡品，被誉为"金丝银线浸琼浆"。2014 年 10 月，平通镇被授予"中国果梅之乡"称号；2015 年 3 月，"平武果梅"获得国家地理标志认证。另外，桅杆村乌梅加工制作已申报注册为中国重要农业历史文化遗产。

2. 发展定位

将民族与民俗文化融入梅产业及"梅文化"，以自然、休闲、娱乐为基调，以高品质的服务和富有创意的体验性、参与性旅游产业为基础，把桅杆村打造成一个集高端商务休闲、民俗风情体验、文化养生度假于一体的多功能旅游胜地。

3. 发展模式

以实现村民增收为主要目标，通过一产经营、新增就业和盘活资产等多条路径，将桅杆村建设为以生态旅游为基础的生态乡村，如图 4-5 所示。

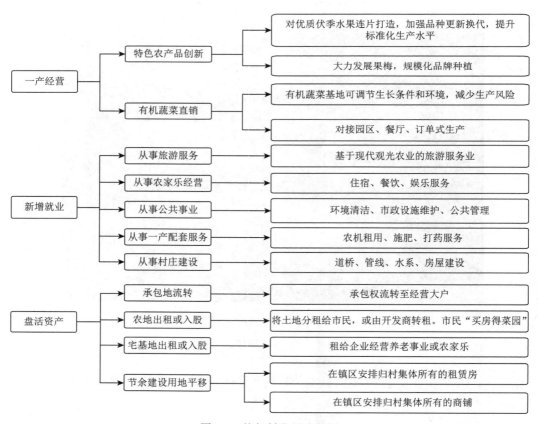

图 4-5　桅杆村发展路径图

来源：《平武县平通镇桅杆村规划（2015～2020 年）》。

4. 规划效果

桅杆村整体规划效果如图 4-6 所示，依托"梅文化"的规划效果如图 4-7～图 4-9
所示。

图 4-6　桅杆村规划鸟瞰图

来源：《平武县平通镇桅杆村规划（2015～2020 年）》。

图 4-7　特色梅园鸟瞰图

来源：《平武县平通镇桅杆村规划（2015～2020 年）》。

图 4-8　"清漪羌韵"农家乐

来源:《平武县平通镇桅杆村规划（2015～2020 年）》。

图 4-9　梅林休闲农庄

来源:《平武县平通镇桅杆村规划（2015～2020 年）》。

4.3.3　以生态保育发展模式为代表的游仙区街子乡生态乡村建设实践

1. 游仙区街子乡概况

游仙区街子乡位于绵阳市东北部，东接新桥、忠兴两镇，南与新桥镇紧邻，北与忠兴镇接壤，西与新桥、云凤、忠兴三镇相连，距城区 17km，辖区面积 24.68km²，辖 9 个行政村、1 个社区、78 个村民小组。全乡人口 1.3 万余人，共 4020 户。乡境内地势平坦，土壤肥沃，水资源丰富，芙蓉溪穿境而过，蓄水量达 327 万 m³ 的金花水库基本能保证全乡农田的灌溉。农业自然条件得天独厚，具备发展现代农业的良好基础条件。

2. 发展定位

绵阳市游仙区街子乡力图将自身打造成以生态农业集约化生产为基础、乡村旅游观光业蓬勃发展、环境保护领先的省级一流生态文明示范乡镇。

游仙区街子乡现存的问题如下：一是建成区与农村环保基础设施建设不足。现仅有小学 1 所，幼儿园 2 所，派出所、信用社各 1 个，文化活动中心 1 个，卫生院 1 个，停车场 3 个，无公共卫生厕所，农村卫生厕所普及率仅为 90%。二是建成区与农村生活污水处理率仅为 83%。场镇区生活污水主要由两个污水处理站及化粪池处理，行政村生活污水主要通过化粪池和沼气池处理，污水管网内的污水未能全部经化粪池、沼气池等设施处理后用于农灌、绿化等。三是农村面源污染问题突出。农药、化肥施用强度较大，生活垃圾定点收集欠缺，无害化处理技术落后。四是生态文明软环境建设需要加强，生态文明宣传力度应进一步加大。生态文明知识普及率仅为 89%，生态文明建设工作占党政实绩考核的比例仅为 2%，群众对环境的满意率仅为 85%。

3. 发展模式

1）环境功能区划

研究不同环境单元的特点、结构与人类社会经济活动间的关系，从生态环境保护角度出发，提出不同环境单元的社会经济发展方向和生态保护要求，如图 4-10 所示。

（1）中部城镇综合生态功能区。该功能区包括街子乡建成区和规划区，是街子乡政治、经济、文化、交通的中心地带，主要的生态功能是供场镇居民生活居住、行政办公以及满足文化、卫生、教育和娱乐产业等的发展。发展方向：鼓励发展个体经营户、第三产业，建设基础设施并适当扩大建设规模，增加文化活动设施；控制建设用地规模，保持场镇街巷整体风貌；禁止引进污染严重的工农企业。

（2）西部水源保护生态功能区。该功能区主要的生态功能是进行水源保护，保护区域范围包括金华水库及芙蓉溪周边区域以及与金华水库临近的高庙村和意安村。发展方向：鼓励发展水产养殖业、传统农业；禁止在金华水库蓝线以内进行建设和养殖，以及将农业废弃物排放到地表河流。

（3）东南特色农业生态功能区。该功能区有四大示范园区，分别为"万亩田""富乐花乡""经科菌业""恒力通"。发展方向：鼓励发展四大示范园区，并依托示范园区发展观光农业、旅游业、示范基地；对土地相对肥沃、土地生产力较高的区域推行农业标准化和生态化生产；发展无公害农产品、绿色食品和有机食品；限制发展污染严重的工农企业。

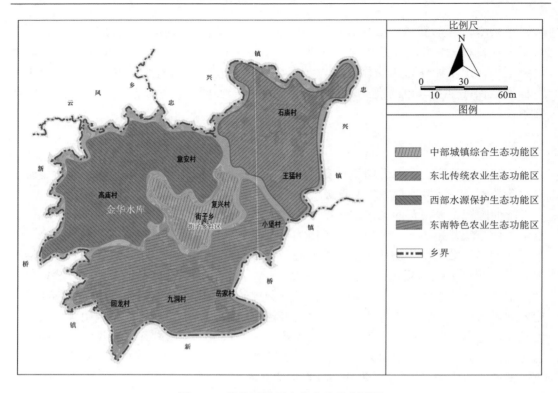

图 4-10　游仙区街子乡生态功能分区图

来源：《游仙区街子乡省级生态文明示范乡建设总体规划（2013～2020 年）》。

（4）东北传统农业生态功能区。发展方向：鼓励对低质低效林进行改造，扩大高附加值经济林木种植规模，发展林产品；改良和充分利用山林隙地的草资源及农作物副产品；分山到户，搞活林业经济，实现林源增长、林农增收、社会增效。

2）"三生"空间格局优化

目前形成的农业产业化示范园区有："万亩田""富乐花乡""经科菌业""恒力通"。"万亩田"以种植为主，因此涉及污水排放、垃圾处理、秸秆处理等问题。"富乐花乡"以花卉种植、游客观光为主，"经科菌业"以食用菌的培养为主，二者主要涉及垃圾处理、污水排放等问题。"恒力通"则以生猪养殖为主，主要涉及养殖废水和粪便处理等问题。根据各个产业在发展中存在的问题，本书提出如下产业空间优化建议。

（1）土壤治理。对客土采取换土和深耕翻土等措施；物理化学修复。

（2）污水治理。在四大示范园区分别建设 1 个污水处理站。

（3）垃圾治理。在四大示范园区周边交通便利处分别设置一处垃圾集中收集点，将垃圾收集、分类、分拣后运送至位于回龙村的垃圾填埋厂。

（4）秸秆治理。在"万亩田"规划一处秸秆处理综合实施点，鼓励研究开发和推广秸秆粉碎还田一体化技术和秸秆养畜过腹还田技术；鼓励集中收集秸秆，并将其与菌渣混合发酵后用于生产有机肥，以提高秸秆利用率（图 4-11）。

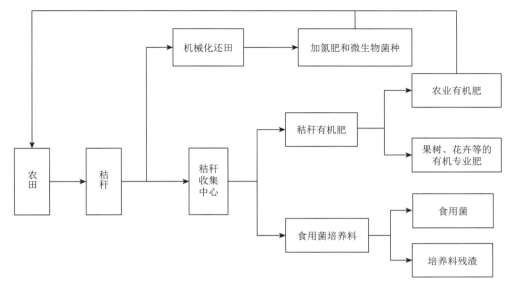

图 4-11　秸秆循环利用流程图

来源:《游仙区街子乡省级生态文明示范乡建设总体规划(2013~2020 年)》。

(5)农用膜治理。农用膜不易分解,残膜不但会破坏土壤结构,降低土壤肥力,造成地下水难以下渗,而且在分解过程中易分解出铅、锡、钛酸酯类化合物等有毒物质,造成土壤环境被污染。可采用氧化生物降解技术处理废弃的农用膜,并在"万亩田"建设农用膜回收及加工站,其处理量可达 40t/年。

(6)农业面源污染防治。利用"4R"理论与技术,即源头减量(reduce)、过程阻断(retain)、养分再利用(reuse)和生态修复(restore),进行农业面源污染防治。

(7)发展生态旅游产业。在不破坏田园绿野、自然生态的情况下打造集生产、生态、观赏与休闲于一体的省级一流现代农业生态观光胜地:①以交通网络为支撑,完善沿线产业空间布局,进一步打通乡域主干道,完善全乡道路路网配套设施,加快建设乡域主次干道、村道等并引导产业入驻,形成产业空间布局效应;②进行特色鲜明的生态旅游规划布局,将"恒力通"—"万亩田"—"富乐花乡"—"经科菌业"作为生态产业轴线。

(8)发展农业循环经济模式。全面推广以沼气池为纽带的农业循环经济模式。以沼气池建设为突破口,抓好规模化养殖场和农村个体户养殖场的畜禽粪便资源化利用工作,以及农作物资源化利用工作,形成猪-沼气-果、猪-沼气-菜、猪-沼气-粮和秸秆-沼气-农作物等循环经济模式,使农村基本生产生活形成良性循环,由此既减少了环境污染,又提高了经济效益。

3)生态文化格局优化

(1)加强文化设施建设。加强镇文化站建设,提升其文化服务功能。在镇区规划中,充分考虑文化娱乐场地建设,并配套引入一批体育健身器材。

(2)挖掘和保护地方文化。保护地方非物质文化遗产。扶持和发展民俗歌舞,组织演出队在节庆日巡游表演和举办演出,丰富农村文化生活。开展精神文明创建活动,如广泛开展"十星级"农户评选活动。成立农村道德协会,建立农民自我管理、自我教育的机制，倡导家庭美德、职业道德、社会公德，加强社会主义核心价值观、荣辱观教育，提高村民文明素养。

4. 效益分析

（1）社会效益。街子乡的道路交通、农贸市场、供水供电设施等的建设得到进一步加强，硬化、美化、绿化、亮化工程成效彰显，卫生条件不断改善，清洁能源使用率不断提高，"脏、乱、差"现象明显改观，人居环境明显改善。

（2）生态效益。街子乡森林资源和植被覆盖率持续稳定增长，森林生态功能不断得到发挥，生态效益显著，环境和空气质量达标。截至 2020 年，森林覆盖率达 42%，建成区与农村生活污水处理率达 90%，集中式饮用水水源地水质达标率达 100%，农村饮用水卫生合格率达 100%，建成区与农村生活垃圾无害化处理率达 100%，畜禽养殖场粪便综合利用率达 95%，生态恢复治理率达 95%，比 2013 年提高了 5 个百分点，生态环境得到有效保护和改善。

（3）经济效益。截至 2020 年，街子乡水产养殖业、畜牧业年产值均达 1000 万元，果林年产值达 500 万元；有机农产品年产值增加 2000 万元；农家乐 25 户，星级旅游示范户 25 家，全年接待游客 20 万人次，全年旅游综合收入 2.5 亿元，农业产业化率达 65%，农村医保覆盖率达 100%，农村基本养老保险覆盖率达 100%，农民人均收入达 45000 元，农民人均可支配收入达 16000 元，比 2013 年翻了一番。通过生态示范乡的建设，街子乡的农业从传统粗放型农业转变为高效益、低投入和有机废弃物循环利用的现代农业；通过对循环经济和清洁生产技术的推广，形成了低能耗、低物耗、低污染的"循环、协调、高效"生态农业经济发展模式。

（4）规划效果。"万亩田"示范园区规划效果如图 4-12 所示。

图 4-12　"万亩田"生态农业基地鸟瞰图

来源：《游仙区街子乡省级生态文明示范乡建设总体规划（2013～2020 年）》。

参 考 文 献

陈玉鹏，2018. 生态文明度指标构建与路径选择[D]. 沈阳：沈阳大学.

郝静文，2018. 荆岳铁路工程对东洞庭湖自然保护区生态影响研究[D]. 成都：西南交通大学.

雷林，2016. 创建国家级"四川西北国家生态保护与生态经济发展综合试验区"的研究：基于"青海三江源国家生态保护综
　　合试验区"的建立及四川西北地区沙化治理的调研分析[J]. 决策咨询（1）：24-30.

李嘉建，2019. 金融政策工具扶持乡村振兴：现状、问题及优化策略[D]. 武汉：中南财经政法大学.

李亚平，孙晓玮，2021. 基于 3S 技术的绿色生态屏障区动态监测体系研究：以天津市绿色生态屏障区为例[J]. 测绘通
　　报（4）：17-21，27.

罗强月，2019. 生态文明视域下少数民族地区茶产业发展研究：以黔南布依族苗族自治州毛尖镇为例[D]. 贵阳：贵州财经
　　大学.

毛江晖，2021. 乡村振兴视域下生态农业发展策略[J]. 当代县域经济（11）：50-52.

裴伟征，李嘉，王欢，等，2012. 川西北生态脆弱地区发展战略与环境政策选择[J]. 软科学，26（4）：44-47.

孙书平，武韬，2021. 自然保护地内修建高等级公路问题探讨[J]. 林业建设（1）：12-16.

田静，2004. 岷江上游生态脆弱性与演变研究[D]. 成都：四川大学.

王信建，林琼，戴晟懋，2007. 四川西北部土地沙化情况考察[J]. 林业资源管理（6）：16-20，28.

徐全红，2013. 政府竞争、财政转型与中国农区工业化[M]. 北京：社会科学文献出版社.

杨锦滔，2006. 长沙市生态市建设与规划研究[D]. 长沙：湖南大学.

杨样，2021. 乡村振兴战略与乡村生态旅游互动融合发展的探讨[J]. 中国集体经济（35）：1-2.

张雪，熊燕，何小娥，等，2018. 中国快速发展村庄规划[M]. 北京：科学出版社.

第 5 章　生态乡村的生态网络和生态安全格局构建

5.1　乡村生态源地的确立

5.1.1　乡村生态源地的选取

生态源地指能够维护区域生态安全，同时又具有一定生态辐射功能的生境斑块（何欣昱，2020）。生态源地能够促进生态过程不断正向循环且生态源地之间能够依靠一定的方式实现生态扩张及信息流动，其作为生物栖息地有着良好的生态稳定性和延展性。生态源地也是生态网络的重要组成部分，是物质能量流动和迁移扩散的核心地段。生态源地识别在于筛选出区域内对生态服务功能和生态环境质量起关键作用的生态用地，准确识别和选取生态源地是构建生态廊道和生态安全格局的基础。其中，构建生态乡村的生态安全格局是为了增加乡村生态系统的稳定性，提升区域生态安全水平，降低潜在生态风险。而如何确立乡村生态源地，是构建生态安全格局的关键。提取具有关键作用的生态源地，对于维护区域生态安全、建立生态廊道和识别生态节点具有重要意义。选取生态源地时，应侧重选取具有高连接度和强连通性的乡村斑块，以便构建乡村生态网络和生态安全格局。同时，生态源地的选取需要考虑许多因素，通常将生物多样性、生态系统服务重要性等作为选取条件。目前的生态源地选取方法，大致可分为两类：一类是通过构建复合评价指标体系并根据评分选取生态源地，这些指标通常包括景观连通性、生态环境重要性、生态环境敏感性等，但由于评价指标的选取以及权重赋值存在较强的主观性，不同的指标体系存在较大差异；另一类是根据国家或者当地自然保护区名录选取研究区内的土地或林地、草地、水域类型的自然保护区、森林公园等作为生态源地，这种方法能快速直接地获取生态源地，但获取的生态源地其生态安全格局在时间推移下易出现较大变化。

生态源地的选取原则如下：①具有高质量的生态环境。生态环境质量受到两方面因素的影响，一方面是选择区域的原始自然生态条件；另一方面是人类活动对选择区域土地利用强度的影响，土地利用强度越高，生境质量越低，反之亦然。一般生境质量较高的土地类型有林地、草地等，这类土地比较适合生物栖息、物种繁衍。②具有较大的生态系统服务功能发挥空间。选取生态源地时需要综合考虑土地的实际利用情况与生态状况，生态系统服务价值越高，越有利于生态系统的良性循环与健康发展，并且生态系统服务价值高的地区能够创造良好的生态效益。

5.1.2　乡村生态源地的识别方法

生态源地可以保障生态系统服务功能且提高生态环境质量，其包括水域、原始森林、自然保护区等重要物种自然栖息地。生态源地的选取对于维护区域内生态系统的稳定性以及构建生态网络至关重要。

应按照景观规划原理，从区域性连通角度出发，构建关键生态源地、生态廊道与生态节点识别体系。目前，生态源地的识别方法主要分为两种。①主观定性评价法：根据研究资料与专家判断，直接将面积较大的林地、水域、自然保护区等作为生态源地。②客观定量评价法：通过计算景观连接度指数和形态学空间格局分析（morphological spatial pattern analysis，MSPA），或根据生态评价指标分析等定量评价方法，筛选出生态系统服务功能供给水平较高的生态源地（时薏，2020）。

1. 主观定性评价法

采用主观定性评价法选取生态源地时，通常直接选取面积较大的生态用地，如将自然保护区、水域、湖泊、林地和风景名胜区、生态红线区域等作为生态源地（李晖等，2011；杨姗姗等，2016），但此方法忽略了区域特征差异和尺度变化对生态过程和生态安全格局的影响。主观定性评价法对生态源地的筛选条件如下：①生态功能完善，发展趋势良好；②具有内部同质性和向四周扩张的能力；③面积较大。

2. 客观定量评价法

1）形态学空间格局分析法

形态学空间格局分析（MSPA）法[①]是一种基于形态学原理处理栅格图像的方法（王慧，2018）。其原理是通过二进制计算初步筛选出核心区、边缘区、穿孔、连接路径与分支等特征信息，以用于生态源地的选取。可运用 MSPA 法分析研究区各关键地段结构要素的重要性，识别关键核心区和桥接区两类景观要素，以进行研究区生态网络和生态空间格局规划。

采用 MSPA 法时，主要依靠 ArcGIS 软件中的 Guidos 工具对研究区栅格图像进行运算，运算后可得到核心区、小岛、穿孔、边缘区、循环、桥接区、分支七种景观类型，各类景观所代表的含义各不相同，其中核心区较完整且斑块较大，能够作为生物栖息地，对后续生态安全格局的构建具有重要作用。运算中涉及以下 4 个重要参数。

（1）前景连接（foreground connectivity）参数。对于一个 3×3 的像素集，其像素中心（图 5-1 中用红色包围的像素）与相邻像素的连接方式有两种：①有共同的像素边或像素点（8 邻域）；②仅有公共像素边（4 邻域）。前景连接参数图如图 5-1 所示。

（2）边缘宽度（edge width）参数。参数值的大小决定了非核心区的宽度，边缘宽度＝边缘像素数量×分辨率。增加边缘宽度将增加非核心区面积，而删除核心区，则有可能改变空间模式类别，但更改边缘宽度不会影响整个前景覆盖范围。边缘宽度参数图如图 5-2 所示。

（3）过渡（transition）参数。过渡像素是指核心区与环或桥相交的边缘或穿孔的像素。可以显示[图 5-3（a）中白色圆圈所示]或隐藏过渡元素，以保持封闭的周界为穿孔和边缘。过渡参数图如图 5-3 所示。

---

① 参考网页：https://forest.jrc.ec.europa.eu/en/activities/lpa/mspa/。

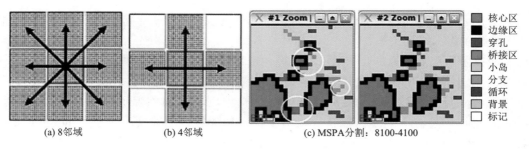

(a) 8邻域　　　　　　　(b) 4邻域　　　　　　　(c) MSPA分割：8100-4100

图 5-1　前景连接参数图

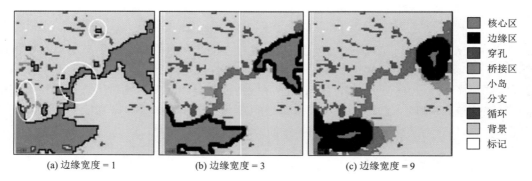

(a) 边缘宽度 = 1　　　　　(b) 边缘宽度 = 3　　　　　(c) 边缘宽度 = 9

图 5-2　边缘宽度参数图

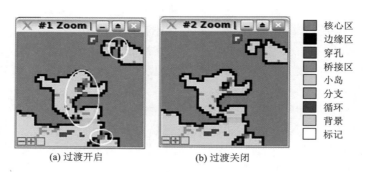

(a) 过渡开启　　　　　　　(b) 过渡关闭

图 5-3　过渡参数图

（4）Intext 参数。其可用于在 7 个基本类中添加穿孔的第二层类。当 Intext = 1 时，表示在前景对象内部区域的功能类中添加了 100 像素的偏移。Intext 参数图如图 5-4 所示。

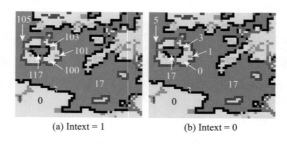

(a) Intext = 1　　　　　　　(b) Intext = 0

图 5-4　Intext 参数图

　　其中图 5-4（a）表示 Intext = 1（8111），图 5-4（b）表示 Intext = 0（8110），且仅显示前景像素值差异。此外，在使用默认设置（Intext = 1）时，内部背景设置被细分为"核心打开"和"边框打开"（刘乙斐，2020）。Intext 参数设置图如图 5-5 所示。

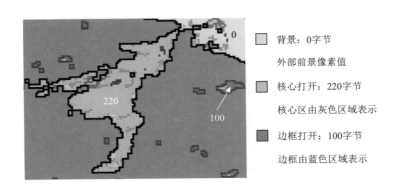

背景：0字节
外部前景像素值

核心打开：220字节
核心区由灰色区域表示

边框打开：100字节
边框由蓝色区域表示

图 5-5　Intext 参数设置图

　　2）生态评价指标法

　　生态评价指标法指根据生态功能空间差异，从地形地貌、区域环境等角度出发，通过评价指标和评估模型来判别生态源地，如通过生态重要性、景观连接性和生态需求综合识别喀斯特地区生态源地（蒙吉军等，2016），结合连通性和生境质量识别深圳市生态源地（吴健生等，2013）等。

　　3）多因素综合评价法

　　多因素综合评价法综合了以上方法，并兼顾了景观空间结构、水平方向上的生态过程以及垂直方向上的生态功能等，具有较高的计算精度，但所需数据量较大，且计算复杂。不同的评价体系间可能存在差异，其评价结果需要经综合分析后才能应用于生态源地识别。随着技术的发展和研究的深入，生态源地的识别将更为客观和严谨。

5.2　乡村生态廊道和生态网络构建

5.2.1　乡村生态廊道构建

　　我国正处于城镇化高速推进阶段，而城镇化对乡村生态环境的影响不容忽视。自党的十九大召开以来，习近平总书记多次强调"保护生态环境就是保护生产力，改善生态环境就是发展生产力"，"绿色"已成为我国发展的着力点，我国已将生态文明建设纳入中国特色社会主义"五位一体"总布局和"四个全面"战略布局中（谢婧，2021）。《中华人民共和国城乡规划法》（2019 年修正版）指出实施城乡规划时应着力改善生态环境，并且在一定区域内进行建设时应遵守自然资源、环境保护等方面的法律法规的规定。目前我国城乡生态环境问题仍然突出，人们也逐渐意识到传统的生态环境保护方法的局限性，而科学有效的生态网络规划建设是提高乡村人居环境质量、维持区域生态系统稳定的重要途径。

在生态廊道和生态网络构建方面，刘耕源等（2013）基于生态网络构建开展了大连市城市代谢结构研究，通过量化山地自然保护区的物种分布规律并构建生态网络，在物种扩散过程与扩散方位等方面进行了建模创新。杨志广等（2018）对广州市潜在的生态廊道进行了分析，并给出了关于重要廊道和规划廊道适宜建设宽度的建议。张晓琳（2020）通过多目标遗传算法来优化长江下游平原区生态网络的廊道结构，并引入生态节点的重要性评价与分析，优化后的生态网络连通程度有较大提高。曹珍秀等（2020）对比分析了长期以来海口市海岸带生态网络廊道结构的演变，并通过斑块消长与廊道连通性的变化总结出区域生态系统潜在的生态问题。韩世豪等（2019）基于最小累积阻力模型（MCR）在 ArcGIS 软件中计算得出成本路径，并将其作为生态廊道建设的重要参考要素，由此构建了福建南平市延平区的生态安全格局。但值得注意的是，目前我国县域或乡镇尺度的生态网络研究仍相对不足，这制约了生态乡村生态安全格局的构建。

1. 乡村生态廊道的提取

1）生态廊道的概念

生态廊道是指在研究区域内具有一定宽度的条带状通道，它的作用非常广泛和重要，其中促进区域内的物质、物种流动是最主要的作用，而其他作用包括保护与增强生物多样性、防止污染物扩散和减少水土流失等（达良俊等，2010）。生态廊道作为物种与生态环境间信息传递的载体，其复杂性与丰富度在廊道交错区达到较高水平，而廊道交错区的生物多样性也较高。生态廊道在普通廊道的基础上增加了生态功能，能够维护生态系统完整性，改善生态环境，促进破碎斑块的修复，增加种群间基因的流动。

2）生态廊道的宽度

生态廊道具有维持区域生态安全和发挥生态功能的作用，在空间上包括宏观尺度的空间整体构架、中观尺度的空间组合以及微观尺度的基本形态，三者之间互为基础（闫水玉等，2010）。宽度是生态廊道的重要特征，关系着生态效益。过于狭窄的廊道会对敏感性物种产生不利影响，同时也会减少廊道部分生态效益，通常认为宽度越宽越有利于形成良好的内部生境，减少边缘效应。生态廊道宽度与生物多样性的关系见表5-1。

表 5-1　生态廊道宽度与生物多样性的关系（GB 50513—2009）

生态廊道宽度/m	生物多样性
3~12	生态廊道与草本植物、鸟类生物多样性之间几乎无相关性；可保护无脊椎动物种群
12~30	对于草本植物和鸟类而言，12m 的宽度可用于区分线型和带型廊道，其草本植物生物多样性为狭窄地带的 2 倍；12~30m 宽度的生态廊道能够保护草本植物和多数鸟类边缘物种，同时还可以保护小型哺乳动物和鱼类，但生物多样性较低
30~60	生态廊道中存在较多草本植物和鸟类边缘物种，基本满足物种迁移以及保护生物多样性的条件；30m 宽的生态廊道可以保护哺乳、爬行和两栖动物，30m 以上宽度的湿地可以满足野生动物对生境的需求
60~100	对于草本植物和鸟类来说，有丰富的生物多样性与内部种群；是能够满足鸟类种群以及小型动物保护需求的道路缓冲带的宽度；是能使众多乔木种群存活的最小廊道的宽度
100~200	是保护鸟类和生物多样性比较适宜的宽度
600~1200	能创造自然的、含有丰富物种的景观结构，含有较多植物及鸟类内部种群；通常森林边缘效应有 200~600m 宽，而能够满足中等和大型动物迁移的宽度在几百米到数万米

3）生态廊道的识别方法

生态廊道能够为生物在不同栖息地之间提供流动通道，而生态安全格局中所形成的生态廊道是生态源地之间阻力最小且最容易联系的通道。生态廊道的作用除了保护生物多样性，还包括促进生态系统中物质与能量的流动、稳定景观生态结构。通常情况下两个生态源地之间至少通过一条生态廊道相联系，生态廊道的数量越多，生物流动的路径就越多。随着城乡建设的日益频繁，人类活动或多或少都侵占了生态用地，这就使得生态用地斑块在空间中的分布逐渐破碎化，造成生态源地间的廊道连通性下降，自然生态系统中的物质传递与能量流动也受到不利影响。

生态廊道的评价内容：①功能；②形态布局。生态廊道的形态布局评价指标包括廊道的连接度、环度、曲度、间断、长度、宽度、密度、数目、周长面积比和内部环境等（陈可可，2020）。其中，连接度（γ）是指生态廊道与廊道内各节点间的连接程度，它对动植物的迁移、物质流动、河流保护有着十分重要的作用。廊道的密度（D）是指廊道在单位面积内的长度，$D = L/A$，其中，L 为廊道长度（km），A 为廊道景观面积（km^2）。生态廊道的重要性评价主要基于重力模型，其通过构建生态源地的相关矩阵，反映斑块之间的相互作用强度关系。

重力模型计算公式如下：

$$T_{ij} = \frac{L_{\max}^2 \times \ln(S_i S_j)}{L_{ij}^2 P_i P_j} \qquad (5\text{-}1)$$

式中，T_{ij} 为一定区域内从斑块 i 到斑块 j 产生的吸引力的作用强度；S_i 为斑块 i 的面积；S_j 为斑块 j 的面积；P_i 为斑块 i 的整体阻力值；P_j 为斑块 j 的整体阻力值；L_{ij} 为斑块 i 与斑块 j 潜在廊道的累积阻力值；$L_{\max}$ 为从斑块 i 到斑块 j 的最大阻力值。

2. 生态节点的提取

生态节点是维持生态源地之间生态要素交换与联系的关键战略节点。生态节点对于相邻不同生态源地的生物流动或扩散具有重要意义，一般分布在生态廊道最重要的位置，也有一些生态节点处于生态功能弱势区域。生态节点如果受到干扰，其生态功能将会减弱，同时也会使生态廊道的功能受到影响，进而使得研究区域内的生态系统失衡，对生态扩散造成阻碍。高阻力面之间会形成高阻力值的"脊线"，生态源地之间的物质流动通常会与脊线相交形成交点；这些交点是生态源地之间相互联系的关键点，对生态系统物质流动有重要影响，确定这些关键点并进行保护，对于提高区域生态系统结构与功能的完整性具有重要意义。

1）生态夹点

生态夹点（pinch point）是指生态廊道上起关键连接作用的点，物种通过生态夹点的可能性较高，生态夹点具有不可替代性。夹点区域是廊道中电流密度较大的区域，承载了景观连通功能，廊道在夹点区域被压缩在相对狭窄的空间内。Linkage Mapper 工具箱中的 Pinchpoint Mapper 工具通过调用 Circuitscape 软件能较好地识别出夹点。

首先设置成本值和生态源地，颜色越深代表阻力值越大；然后生成具最低成本路径的廊道，黄色区域代表低成本值；最后生成电流密度图，黄色区域代表电流密度高的区域。

2）生态障碍点

生态障碍点是指在廊道中成本值较大，对廊道的连通性和质量有负面作用的生态区域。Barrier Mapper 工具基于一定的搜索半径，采用移动搜索窗口的方法，通过假设移除某一区域后廊道的整体连通性提升或整体成本减少来识别障碍点。实际案例中，障碍点的识别能给决策者提供决策帮助，帮助决策者决定是对障碍点进行生态修复还是重新规划生态廊道。障碍点被修复后能够降低生态阻力，显著提升生态源地间的景观连通性，是生态优先修复区（苏冲等，2019）。

5.2.2　乡村生态网络构建

1. 国内外生态网络构建研究

生态网络是指在一定区域内通过识别生态源地并构建生态源地之间的生态廊道形成的网状结构。生态网络已成为以综合自然生态环境与生物多样性保护，以及区域生态可持续发展为目的的研究框架。但就目前的情况来看，研究热点主要集中在生态质量评价、景观结构功能、生态节点与生态障碍点识别、景观生态安全格局构建与规划等方面（Zhang et al.，2017；陈利顶等，2018；Nogues et al.，2020）。

"生态网络"一词最早用于生物保护研究领域。生态网络可连接较大的生态斑块和生物栖息地，减缓斑块破碎化趋势，有助于提升生态系统稳定性和生物多样性。Vuilleumier 和 Prélaz-Droux（2002）以瑞士的破碎化景观为节点，利用 GIS 构建了生态网络，并基于生态网络研究了人类活动对野生动物迁徙扩散的影响。生态网络早期也曾应用于欧美国家的城市绿道规划，随后逐渐成为区域生态安全格局规划的重要组成部分。《简明牛津字典》将"绿道"一词解释为与环境有关或支持环境保护的通道，后来绿道的含义被补充为可加强城乡景观融合连通的途径，是人们出于经营目的建设的具有生态效益和美学意义、能供人们游赏体验并能为居民日常活动提供场所的绿色带状城乡空间，是城乡生态网络的重要组成部分。绿道将自然资源和人文资源等有机串联起来，提高了资源之间的连通性和利用率，以便居民和游客进行休闲娱乐活动，同时提升了环境教育功能和观赏价值。绿道与生态网络的区别在于：绿道是在以人为本的前提下，为了人类与生态系统和谐相处而建设的体验空间，而生态网络是在宏观生态系统中为连通区域的破碎生态斑块构建的网络结构，其目的在于修复和保护区域生态环境。生态网络对区域生态系统内部的物质能量流动和物种扩散迁徙具有重要的作用，能有效提高物种多样性，维持区域生态安全格局的稳定和可持续发展。

在景观生态学中，斑块-廊道-基质、"源-汇"模型、源地-阻力面-廊道等被用作构建生态网络，以提升区域生态基础设施的连通性（郑好等，2019；陈可可，2020），如美国纽约将中央公园和居住区通过宽 65~150m 的廊道连接起来，形成一个兼具美学价值和商业娱乐功能的完整生态网络系统（侍昊，2010）。"绿道网络（greenway network）"是以破碎生态斑块为点、绿道为边的生态网络，其打通了区域生态系统中物质能量的流通环节，提升了流通效率。波士顿的"翡翠项链"规划就首次构建了市域尺度的绿道网络，即使城市中不同的公园绿地相连，由此形成的生态网络有效遏制了城市扩张带来的环境恶化等问题，维持了城市的公共生态和可持续发展（刘世梁等，2017）。Linehan 等（1995）以生物物种迁移路径为边，以区域土地利用现状、生态环境等因素为节点并赋予权重，利用网络分析算法评价了生态网络设计模型，并据此选取了最佳生态网络规划方案。Saura 等（2011）通过构建生态网络对欧洲 1990～2000 年十年间森林覆盖率的变化趋势进行了分析，并基于连通度等指标识别了欧洲各国森林覆盖率、连通度及其关联趋势。Pierik 等（2016）以模糊功能指数为指标，基于图论法和电流理论设计了生态廊道，预测了非线性景观动态。

近年来，国内建设用地规模扩大对城乡环境产生了负面影响，借助生态网络修复破碎化生境的相关研究逐渐成为规划领域的热点。比起只是单纯将濒危物种栖息地设为重点保护区，生态网络的构建不仅对物种迁移繁衍有积极作用，还可缓解城镇发展带来的一系列生态问题，包括生态栖息地的破碎化趋势及土地利用开发与生态环境保护之间的矛盾。但需要注意的是，国内对生态网络构建的理论研究起步较晚，目前研究基本集中在区域和流域等方面，关于县域和村镇等的小尺度生态网络构建研究则相对不足，而小尺度的生态网络构建可能更易实施和促进当地的生态安全。因此，应在借鉴国外研究成果的基础上，结合国内实际需求，加强对生态网络构建的理论和实践研究。

2. 乡村生态网络构建和优化策略

生态网络在城市尺度上的应用较为广泛，能够连接城市内部和外部的生态绿地，实现自然生态环境保护与城市发展之间的平衡，而构建乡村生态网络是保障生态过程、维护生态安全、提升生态系统服务功能的有效途径。可通过选取生态源地、提取生态廊道以连接具有保护价值的生态斑块和优化空间结构来构建生态网络体系，达到修复区域破碎化生境、维持物种多样性与生态格局稳定的目的。

（1）乡村生态网络构建。生态网络的构建主要依赖最小累积阻力（MCR）模型，通过 MCR 模型计算出多条生态廊道并将其与生态源地相结合后，即为区域生态系统内潜在的生态网络。

（2）乡村生态网络优化。目前，生态网络优化策略主要为补充生态源地，并根据相应的阻力面重新规划生态廊道布局。补充的生态源地在生态网络理论中即为"踏脚石"斑块，是区域生态系统中潜在的重要物种栖息地，通过科学识别来确定新增源地对于区域可持续发展具有重要意义，是生态网络结构优化中的关键问题。优化生态网络整体结构时，可以通过网络结构指数来量化优化结果，并判断网络优化度等。

在乡村生态规划中，生态网络的构建涉及风景园林学、城乡规划学、景观生态学、自然地理学等多个学科，而跨学科的研究能够为城乡生态规划提供更为科学的理论依据。科学建设的生态网络能够准确定位区域生态系统中潜在的环境危机，重新连通区域景观，维护环境安全与生态格局，提高乡村生态规划的实用性和适用性等。

5.2.3　基于 MCR 模型的生态网络构建

1. MCR 模型的概念

MCR 模型是计算物种在从起始地流动到目的地的过程中耗费的代价的模型，它最早由 Knaapen 提出，被广泛应用于关于自然生态或人文过程的研究中，并且在景观生态安全格局构建方面得到了国外学者的广泛重视。MCR 模型也是集 GIS 和景观生态学理论于一体的模型，可以利用 ArcGIS 软件中的距离分析工具，矢量化地计算出生态源地之间的最小阻力值之和，而"识别生态源地—构建阻力面—提取生态廊道—分析生态节点"已经成为利用 MCR 模型进行结构性关键地段识别的基本模式，其中识别生态源地和构建阻力面是基础工作。最小累积阻力的计算公式为

$$\mathrm{MCR} = f \sum_{j=n}^{i=m} D_{ij} \times R_i \tag{5-2}$$

式中，MCR 表示最小累积阻力；f 表示空间中任意一点的最小阻力与其到所有源地的距离和景观基面特征的正相关关系；D_{ij} 表示第 i 个景观单元与第 j 个生态源地之间的距离；R_i 表示景观单元 i 的阻力。

2. 基于 MCR 模型的生态源地识别

基于生态过程得到的源地和距离、景观界面构建阻力面，运用 ArcGIS 软件中的距离分析工具，可计算出两类源地扩张时的最小累积阻力表面。从核心生态源地出发，随着距离的增大，两类源地的最小累积阻力值基本都在逐渐增大。生态系统中物质和能量的流动与物种在空间中的迁徙，受到土地利用及覆被类型与人类活动因子的影响。不同生态过程均需克服由景观类型与人为干扰带来的阻碍，阻力值越大，生态扩张的适宜程度越低（李国煜等，2018）。

（1）选取阻力因子。构建最小累积阻力面时首先要选择阻力因子，各阻力因子对生态源地有其特定的影响。可结合研究区现实情况，从自然、社会、生态三个方面选择阻力因子，并且需要考虑数据的可获取性、可操作性和全面性等。阻力因子包括地形因子、土地利用因子、交通因子、居民地、水域等：①地形因子。川西北地处四川盆地与青藏高原连接地带，具有高山河谷地貌，高程与坡度对川西北物种迁移和生态源地扩张起到了一定抑制作用，所以高程与坡度是构建阻力面时需要考虑的地形因素。②土地利用因子。土地利用对生物种群的流动和生态源地的扩张具有一定影响，研究区域的土地利用类型与需要保护的生态源地的类型越相近，土地利用对物种迁移和生态源地扩张的影响越小。土地利用类型直接决定了未来土地的用途，也影响了周围土地转变为其他类型土地的可能性，是建立阻力面时需要考虑的最重要的因素。③交通因子。道路是建设用地中的一种，改变了区域的原始土地利用类型。因此，交通因素有可能会阻碍物种的迁移与流动和生态源地的扩张，建立阻力面时有必要考虑交通因素。④居民地。居民地是建设用地，人类活动对自然环境的干扰会加剧生态环境恶化，

所以越靠近居民地,阻力越大。⑤水域。水域具有较强的生态服务功能,在保护区域生态系统安全中发挥着重要作用,有助于物种迁移和生态源地扩张,限制城镇的过度发展。

(2)阻力评价指标体系。选取阻力因子后,可根据各个因子对物种迁移和生态源地扩张的影响对阻力因子进行分类并赋值,建立阻力评价指标体系。同时利用层次分析法(AHP)并根据阻力因子的重要性水平,计算出阻力因子的权重值。

3. 基于 MCR 模型计算廊道重力模型及构建生态网络

根据研究区土地利用类型图与景观指数分析,基于已建成的 MCR 模型,运用 GIS 的成本距离功能,选取生态源地,并计算出累积成本路径图层,同时通过将成本距离叠加来识别累积成本最小路径。然后以选取的生态源地为基础,运用 MCR 模型构建最小累积阻力面,在得出最小累积阻力距离后确定最佳最小阻力值路径,继而提取出生境中的重要廊道。

5.2.4 基于 MSPA 模型和 MCR 模型构建生态网络的案例

1. 以川西北地区甘孜藏族自治州和阿坝藏族羌族自治州为例

1)研究区概况

(1)地理位置。川西北地区位于云贵高原与成都平原的过渡带,也是我国第一阶梯与第二阶梯之间的过渡带,属于西横断山脉北段高原区,是青藏高原的组成部分之一。整个区域地势高亢,北高南低,中部突出,东南缘深切,山谷平行相间,江河自北向南流动,地形地貌复杂。

(2)自然资源。川西北地区的自然资源主要由林地、草地、高山河谷与冰川、高原湿地与荒漠构成。由于复杂的地质地貌、气候条件,川西北地区成为多生态景观复合地区,其多样性生境为生物的栖息和繁衍提供了多种生态空间,形成了多个重要的国家重点生态服务区,如若尔盖县域内的原生态高原沼泽和湿地为黑颈鹤、梅花鹿等提供了栖息和繁衍的场所。

(3)水文条件。川西北地区是水源涵养、水质保护方面的重要生态防线,在维系我国生态安全和生态平衡中有着特殊作用。维持流域生境稳定和水源地景观生态安全格局,对于保障川西北地区水源地的水质、水量以及控制流域污染和保护水域动植物生存环境有重要意义。

2)MSPA 模型设置及景观分类结果

运用 MSPA 法,将数据文件转换为 TIFF 格式的二值栅格文件,然后通过 Guidos 软件,采用 8 邻域分析方法,对数据进行分析,得到互不重叠的七类景观(即核心区、桥接区、穿孔、小岛、分支、循环和边缘区),并对分析结果进行统计(张芳明,2019)。基于各个景观类型的具体含义,选取核心区作为生态源地,而桥接区连接了生态源地,并为生物迁移提供了通道,故将其作为备选生态核心区,为进一步的筛选做准备。

将边缘宽度设置为 2 像素,分辨率为 30m,即宽度小于 120m 的斑块不会作为核心斑块。从试验情况看，一些细长的斑块将成为起连接作用的桥接区（相当于廊道）。经过反复试验，确定采用 8 邻域，边缘宽度的设置参照生态廊道宽度（30～60m），由此可基本满足动植物迁移以及生物多样性保护需要，而设置为 2 像素（即 60m 的宽度）时，有较好的试验结果。另外，过渡参数设置为 on，Intext 参数设置为 0（严强荣，2020）。川西北地区甘孜藏族自治州和阿坝藏族羌族自治州 MSPA 景观分类结果统计见表 5-2。

表 5-2　MSPA 景观分类结果统计（张芳明，2019）

景观类型	核心区	边缘区	穿孔	桥接区	循环	分支	小岛
面积/km²	54360.14	25445.84	2395.63	5062.08	2395.63	11415.73	3864.26
占比/%	51.80	24.25	2.28	4.83	2.28	10.88	3.68

　　MSPA 景观分类统计结果表明，面积占比最大的景观要素是核心区，其中面积在 10km² 以上的大型核心区多位于四川藏族地区的东北部或东南部，且南部和北部的核心区形态差别较大，南部的核心区呈带状分布，北部的核心区则呈团状分布。核心区斑块面积占比 51.80%，边缘区斑块面积占比 24.25%，是面积占比最大的两类景观，这两类景观的面积之和为 79805.98km²，面积占比之和为 76.05%。

　　3）景观连通度计算

　　连通性和连接度是生态廊道的两大特征，生态廊道具有自我恢复功能，其作为连接型景观结构可以对环境和生物多样性起到保护作用。廊道结构的连接不应是简单的线性连接，廊道能提供的生态功能与其结构和形态的复杂度有关。下面以若尔盖县为例，结合国家和四川省划定的生态红线或生态功能图，提取 MSPA 景观分类结果中的核心斑块，并计算斑块距离。选择 500m 作为连通度阈值，物种通行概率设置为 0.5，则 dPC 值越大，代表斑块连接度越高。分别对核心区和桥接区进行景观连通度评价，可知若尔盖县域内陆域备选核心区斑块 1 的景观连通度最高。景观连通度排名前八的陆域和水域备选核心区斑块结果分别见表 5-3、表 5-4。

表 5-3　若尔盖县陆域备选核心区统计结果（张芳明，2019）

排序	备选核心区编号	DIIC[①]	dPC[②]
1	1	15.787	17.387
2	5	7.751	7.728
3	6	7.028	7.696
4	3	6.990	5.692
5	4	4.588	4.912
6	2	3.632	4.030
7	8	2.013	2.580
8	7	1.725	2.032

① DIIC 指整体连通度。
② dPC 指斑块重要性指数，余同。

表 5-4　若尔盖县水域备选核心区统计结果（张芳明，2019）

排序	备选核心区编号	DIIC	dPC
1	1	15.787	17.387
2	5	7.751	7.728
3	6	7.028	7.696
4	3	6.990	5.692
5	4	4.588	4.912
6	2	3.632	4.030
7	8	2.013	2.580
8	7	1.725	2.032

　　基于提取出的生态源地，采用 MCR 模型计算廊道重力模型及构建生态网络。选择高程、坡度、土地利用类型、交通、居民地及水域作为阻力因子，运用 ArcGIS 软件，得到最小累积阻力距离，并以此确定物种迁移的最佳最小阻力值路径，以最大限度地避免外界干扰。最终得到川西北地区陆域潜在廊道共 35 条，其中有 17 条为重要连续林地（草地）的生态廊道，且均位于川西北地区西南部和西北部。筛选重力模型值为前 50%的廊道作为陆域生境中的重要廊道（表 5-5）。

表 5-5　陆域潜在廊道重力模型计算结果（张芳明，2019）

斑块编号	1	2	3	4	5	6	7	8	9	10
1	0	890	341	549	733	76	87	12	22	9
2		0	295	663	64	63	221	167	12	31
3			0	1083	98	83	765	23	32	28
4				0	221	64	234	183	784	21
5					0	933	1301	574	1346	11
6						0	987	622	1563	31
7							0	3476	45	28
8								0	2314	17
9									0	12
10										0

2. 以绵阳市梓潼县文昌镇和宝石乡为例

1）研究区概况

　　梓潼县位于绵阳市东北部，东经 104°57′16″～105°27′35″，北纬 31°25′27″～31°51′43″，县境东西宽约 35km，南北长约 52.5km，总面积 1443.92km²。梓潼县气候多样，降水充沛，海拔跨度大，动植物资源丰富。县境内植物资源有：裸子植物 7 种 15 属；被子植物 63 科 110 属 150 余种，主要为乔木、灌木、疏林草坡、丛生慈竹及药用植物。

梓潼县境地势东北高、西南低，中部夹低凹的潼江河谷，东西横剖面呈不对称的马鞍形。东部为海拔在 700m 以上的高丘、低山区，西南部为海拔在 600m 以下的中、浅丘陵区。县境地质构造受梓潼大向斜宽缓的两翼制约，境内地层平缓，出露地层近水平产状。岩层分布一般为紫红色和灰绿色砂岩与紫红色页岩、泥岩互层的沉积韵律，加上地处四川盆地西北边缘，侵蚀、风化和剥蚀作用强烈，泥岩和页岩疏松，且被剥蚀为平台，而坚硬的砂岩往往因被侵蚀而呈悬岩状，形成"梓潼台地"地貌。梓潼县境内除东部大新乡有一条峡谷小溪流入嘉陵江水系的西河（古称小潼水）外，其余均流入嘉陵江支流——涪江水系。主要河流——潼江，发源于龙门山北段东坡，其余溪河大多发源于县域境内北部和东北部的丘陵间。同时，除发源于县域境外藏王寨的永平河、倒淌河、养草滩、小溪河等几条小河为由南流向北的逆向河外，其余皆为由西北流向东南的顺向河。径流随降水的变化而变化，陡涨陡落，无水运之利，水能开发较困难。

2）基于 MSPA 景观模型确立生态源地

基于 ArcGIS 软件，结合梓潼县土地利用类型数据，对梓潼县的景观格局、地形坡度、水系网络等进行分析。根据林地面积以及重要指数选取生态源地，经分析，文昌镇、宝石乡核心区生态源地面积和 dPC 指数分别见表 5-6、表 5-7。

表 5-6　文昌镇核心区生态源地面积和 dPC 指数

排序	面积/km²	dPC
1	116.07	1.86
2	160.37	5.66
3	671.47	13.82
4	407.72	7.71
5	2607.20	81.49
6	1282.91	40.75
7	322.29	8.41
8	105.93	2.20

表 5-7　宝石乡核心区生态源地面积和 dPC 指数

排序	面积/km²	dPC
1	50.60	3.18
2	206.41	0.33
3	242.28	0.13
4	9.49	0.10
5	13.37	0.06
6	322.05	0.33

文昌镇、宝石乡生态源地和生态廊道提取图分别如图 5-6、图 5-7 所示。

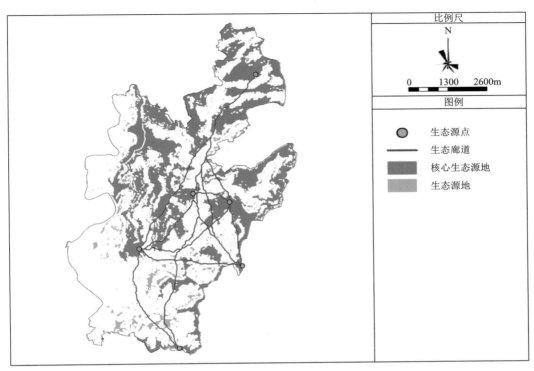

图 5-6　文昌镇生态源地和生态廊道提取图

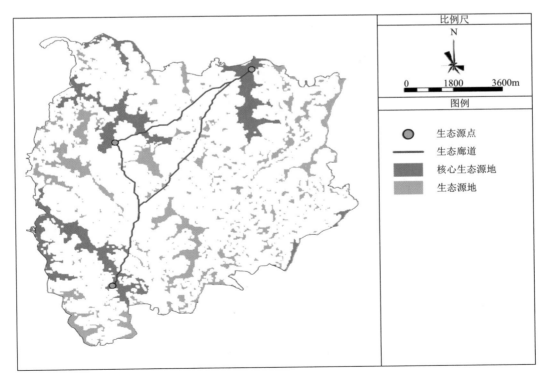

图 5-7　宝石乡生态源地和生态廊道提取图

5.3　乡村生态安全格局构建

5.3.1　乡村生态安全格局概述

生态安全格局是指景观中某种潜在的生态系统空间格局，由景观格局中某些关键组分及其特定联系共同构成（俞孔坚等，2009）。目前，关于生态安全格局的研究主要集中在概念与理论、构建原理与方法以及实际应用等领域。而学者们基于不同的学科背景提出了不同的生态安全格局构建方法和模型，主要包括"千层饼"式叠加构建法与最小累积阻力模型、元胞自动机模型等。

关于生态安全格局，国内学者主要针对生态环境、土地利用、生态基础设施、生态安全格局构建和社会-经济-自然复合系统五个方面开展研究。例如，蒋贵彦等（2019）运用 GIS 和 RS 技术构建了水生态安全格局框架，并运用景观指数、GIS 空间分析方法，以研究区域内的湖泊景观为研究对象，研究了其生态安全格局的演化过程，分析了研究区域内的地质灾害问题、生物保护状况和生态敏感性，同时利用地形、土地利用和交通因子构建了阻力面，并基于最小累积阻力模型识别了生态廊道。绳志忠（2019）基于遥感影像和相关监测数据，通过耦合"3S"技术和生态模型，对研究区域的土地利用情况进行了分析研究。李博和甘恬静（2019）以差距分析（gap analysis，GAP）、ArcGIS 为基础，构建了城市群水生态安全格局。邱硕等（2018）以 GIS 的叠加、空间相关性以及距离分析、生态过程-格局理论等为基础，通过综合水安全、地质灾害预警、生物生境保护、水土保持、游憩安全五个方面的内容，构建了综合生态安全格局，即最优、缓冲以及生态底线安全格局。黄木易等（2019）通过对研究区域进行单元划分、选取生态阻力因子和 ArcGIS 完成了阻力评价指标体系和生态阻力面的构建，同时采用廊道重力、最小累积阻力模型等以及空间数据探索分析方法诊断了生态安全，并有效识别及提取了潜在生态廊道。田健等（2019）在对城市生态边缘区的生态安全格局研究中，在进行自然生态要素识别与敏感性分析以及探索人文生态发展需求的基础上，利用自然与人文生态安全格局构建了复合生态空间，以指导生态功能区的发展，重构城市边缘区生态安全格局。邢春晖和王云才（2018）以生态风险评价为基础，深入研究了城市生态格局修复，同时通过融合生态本底、生态过程构建了生态安全格局，并划分出了生态空间管制路径。

在生态安全格局理论研究中，生态源地识别、生态阻力面构建、廊道宽度预测、生态战略点识别等方面仍需深入研究，而如何将生态安全格局的理论研究成果应用于规划和建设方案，也需要得到更多的实践支持。生态安全格局的研究尺度包括区域、城市群、城市、城镇和乡村等，有必要针对不同尺度的生态安全问题构建生态安全格局。但现有的生态安全格局研究多集中于城市生态系统方面，而关于乡村生态安全格局的研究相对不足。基于城市生态安全格局研究成果，开展关于乡村生态安全格局理论、构建方法和实践的研究，将有助于从格局优化视角，整体上系统地解决乡村面临的生态环境问题，维护乡村生态安全。

5.3.2　乡村生态安全格局的构建

构建乡村生态安全格局是为了保护和利用好山、水、林、田、湖的自然本底，形成类型多样、功能完善、布局合理、覆盖全域、贯通城乡的生态系统和生态网络，解决好生物栖息、水源涵养、水土保持、防风固沙等生态问题，实现"山绿、水清、田美、林茂、天蓝、气净"的生态环境目标。乡村生态安全格局的优化和生态环境的修复措施如下。

1. 保护生态源地，明确生态用地的内涵与分类

生态源地既是生态景观要素扩张和流动的基础，也是维持生态系统稳定的核心区，具有确保物种的生存和维持生态流的作用。同时，生态源地也是生态安全格局中的关键组件，应当对其采取严格的保护措施。另外，应当将生态用地的规划和保护纳入国土空间规划和管理工作中，落实国家相关法律、法规，并基于一定的原则和依据在全国土地利用分类标准中增加生态用地的分类标准，落实生态用地的规划和保护，进一步完善国土空间开发与保护制度。

2. 保护生态廊道，构建统一管理生态用地的制度体系

生态廊道是区域内连接不同生态源地的重要通道，也是保障生物间联系、维护区域生物多样性的关键途径，能够在很大程度上降低物种在迁移过程中的折损，因此应保护好区域生态系统中的生态廊道。另外，应结合实际情况研究制定和设置生态用地管理的总体原则和组织机构，构建统一管理生态用地的制度体系，落实生态用地的规划和保护，实行更加精细化的生态用地管控，处理好社会发展与环境保护的关系。

3. 建设生态节点，提升对生态用地规划和保护的技术支撑能力

生态节点是维持生态源地之间生态要素交换和联系的关键战略节点，也是连接相对零散的景观斑块的关键节点，具有提高景观连通性的作用，因此应提取主要生态源地斑块的中心点作为生态节点。另外，应积极开展不同尺度下的生态用地研究，加强对生态用地管理和规划在技术支撑等方面的创新，引入环境遥感监测等先进平台与技术，形成多时相、多尺度、多类型、多专题数据的快速处理和综合分析能力，以实现对生态用地保护区域内人类干扰活动、生态系统状况、生态风险、生态资产和生态保护成效等的及时监测、预警和评估，动态反映生态用地的问题与风险，保障区域生态安全。

5.3.3　川西北典型生态乡村的生态安全格局构建

川西北地区辖区面积 23.26 万 km^2，占四川省总面积的 47.90%，其中，农林用地和自然保护用地面积共 23.20 万 km^2（颜文涛等，2021）。川西北地区位于川、滇、青、甘、藏五省（自治区）接合部，地处四川盆地与青藏高原连接地带，境内分布群山万壑、高山峡谷，且山脊多为锯齿状。目前，川西北地区存在建设用地与生态红线和生

态空间相冲突的问题，其耕地开发量已达到水资源承载能力上限，一些城市还存在过度扩张等问题。而不合理的建设活动和资源开发加剧了川西北生态系统的退化，导致生物多样性降低和水土流失风险增加。川西北地区的大部分市（县）涉及《全国主体功能区划》中的 3 个国家重点生态功能区，其中川滇森林及若尔盖草原与湿地两个生态功能区关系到全国或较大范围区域的生态安全。因此，合理构建生态安全格局、着力改善生态环境、加强维护生态安全、夯实长江中上游生态屏障是川西北地区生态文明建设的重要组成部分。

1. 生态源地的选取

1）研究区概况

平武县位于四川盆地西北部，为青藏高原向四川盆地过渡的地带，属于岷山-岷江高山水源涵养与生物多样性保护修复区和岷山-涪江中山水源涵养与生物多样性保护修复区，已建成王朗与雪宝顶两个国家级自然保护区、小河沟省级自然保护区和余家山县级自然保护区，保护区总面积 13 万 hm², 占全县总面积的 25%，森林覆盖率达到 77.32%以上。平武县地形起伏较大，建设用地较少，耕地质量区域差异显著，裸岩石砾地和裸土地面积占比较大，地质灾害较多，且主要分布在龙安镇、古城镇、坝子乡、锁江羌族乡等区域，而高生态风险区域主要集中在泗耳河、清漪江、涪江等流域。平武县生态风险等级评价图如图 5-8 所示。

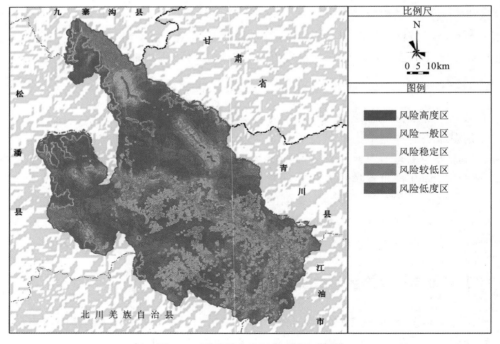

图 5-8　平武县生态风险等级评价图

来源：《平武县国土空间生态修复规划（2020～2035 年）》。

2）生态源地识别

基于 ArcGIS 软件，利用平武县土地利用类型数据作为基础，对平武县的景观格局、地形坡度、水系网络等进行分析。从整个研究区来看，林地主要分布于平武县东北部，西部和南部的林地斑块较为破碎。根据林地面积以及重要性指数选取生态源地，生态源地覆盖了平武县内的重要生态管控区以及重点风景名胜保护区。同时利用 MSPA 以及 MCR 模型，确定平武县 5 个生态源地，分别是位于平武县北部的九寨沟自然保护区、东部和西部的两个大熊猫国家公园、中部的龙池坪森林公园以及南部的龙门洞森林公园。平武县生态源地识别图如图 5-9 所示。

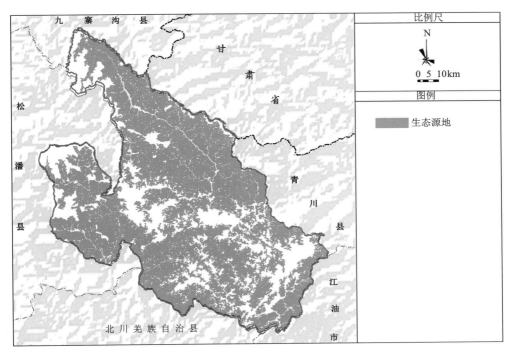

图 5-9   平武县生态源地识别图

来源：《平武县国土空间生态修复规划（2020～2035 年）》。

2．生态廊道的提取

根据平武县生态廊道重要性及作用分级，可知重要生态廊道和潜在生态廊道各有 2 条。最长的一条生态廊道始于九寨沟自然保护区，由北至南贯穿整个平武县（穿过东部的大熊猫国家公园到达南部的龙门洞森林公园），途经白马藏族乡、木座藏族乡、木皮藏族乡、龙安镇、古城镇、坝子乡、江油关镇，长度为 139.83km。这条廊道有利于物种的迁徙和物质与能量在平武县境内的交换，是维持平武县生态平衡的关键。另一条重要生态廊道，连接了东西部两个大熊猫国家公园，长度为 82.36km，途径白马藏族乡、黄羊关藏族乡、水晶镇、土城藏族乡。对这一生态廊道加强保护和建设，可为大熊猫等野生动物的迁徙繁衍提供有效支持。其他潜在的生态廊道，部分与重要生态廊道重叠，可在重要生态廊道的基础上进行建设，以增加研究区内生态网络的连通性，促进较为完整的生态网络结构体系的构建，加强对物种的保护，提高生物多样性，增加生态系统服务价值。平武县生态廊道识别图如图 5-10 所示。

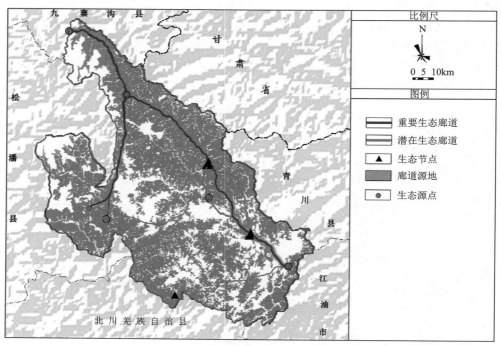

图 5-10　平武县生态廊道识别图

来源：《平武县国土空间生态修复规划（2020～2035 年）》。

3. 生态安全格局的构建

基于 MCR 模型，从坡度、起伏度、高程以及土地利用类型四个方面建立阻力评价指标体系，并得出最小累积阻力面，然后利用 GIS 空间分析方法对最小累积阻力面进行缓冲区、生态廊道及生态节点的确定，以此建立平武县景观生态安全格局。同时，应加强对生态廊道的建设和保护，以促进物质、能量在整个研究区生态系统内更加流畅地流动，这对于整个研究区生态环境质量的提升和生物多样性的保护具有极其重要的意义。

总之，在平武县空间规划中应对生态节点的生境加强建设和修复，推进县域内森林、草原以及河流湿地生态系统的建设工作，有效地保护和建设好生态廊道，优化和完善生态安全格局，以提升平武县生态安全水平。

参 考 文 献

曹珍秀，孙月，谢跟踪，等，2020. 海口市海岸带生态网络演变趋势[J]. 生态学报，40（3）：1044-1054.

陈可可，2020. 生态安全格局下的生态廊道规划研究[D]. 合肥：安徽农业大学.

陈利顶，景永才，孙然好，2018. 城市生态安全格局构建：目标、原则和基本框架[J]. 生态学报，38（12）：4101-4108.

达良俊，余倩，蔡北溟，2010. 城市生态廊道构建理念及关键技术[J]. 中国城市林业，8（3）：11-14.

韩世豪，梅艳国，叶持跃，等，2019. 基于最小累积阻力模型的福建省南平市延平区生态安全格局构建[J]. 水土保持通报，39（2）：192-198，205.

何欣昱，2020. 城市化地区生态安全格局构建优化及实证研究：以上海市奉贤区为例[D]. 上海：华东师范大学.

黄木易，岳文泽，冯少茹，等，2019. 基于 MCR 模型的大别山核心区生态安全格局异质性及优化[J]. 自然资源学报，34（4）：771-784.

蒋贵彦，运迎霞，任利剑，2019. 基于 GIS-MCR 高寒藏区城镇生态安全格局构建及空间发展策略：以青海省玉树市为例[J]. 现代城市研究（4）：106-111.

李博，甘恬静，2019. 基于 ArcGIS 与 GAP 分析的长株潭城市群水安全格局构建[J]. 水资源保护，35（4）：80-88.

李国煜，林丽群，伍世代，等，2018. 生态源地识别与生态安全格局构建研究：以福建省福清市为例[J]. 地域研究与开发，37（3）：120-125.

李晖，易娜，姚文璟，等，2011. 基于景观安全格局的香格里拉县生态用地规划[J]. 生态学报，31（20）：5928-5936.

刘耕源，杨志峰，陈彬，等，2013. 基于生态网络的城市代谢结构模拟研究：以大连市为例[J]. 生态学报，33（18）：5926-5934.

刘世梁，侯笑云，尹艺洁，等，2017. 景观生态网络研究进展[J]. 生态学报，37（12）：3947-3956.

刘乙斐，2020. 基于 MSPA 和 MCR 模型生态网络构建优化研究：以北京市延庆区为例[D]. 北京：北京林业大学.

蒙吉军，王雅，王晓东，等，2016. 基于最小累积阻力模型的贵阳市景观生态安全格局构建[J]. 长江流域资源与环境，25（7）：1052-1061.

邱硕，王宇欣，王平智，等，2018. 基于 MCR 模型的城镇生态安全格局构建和建设用地开发模式[J]. 农业工程学报，34（17）：257-265，302.

绳志忠，2019. 基于 GIS 格网的恩施市土地利用景观生态安全评价[D]. 恩施：湖北民族大学.

侍昊，2010. 基于 RS 和 GIS 的城市绿地生态网络构建技术研究：以扬州市为例[D]. 南京：南京林业大学.

时蕙，2020. 生态与游憩双重导向下的市级绿道网络选线方法研究：以海南省陵水黎族自治县为例[D]. 北京：北京林业大学.

苏冲，董建权，马志刚，等，2019. 基于生态安全格局的山水林田湖草生态保护修复优先区识别：以四川省华蓥山区为例[J]. 生态学报，39（23）：8948-8956.

田健，黄晶涛，曾穗平，2019. 基于复合生态平衡的城市边缘区生态安全格局重构：以铜陵东湖地区为例[J]. 中国园林，35（2）：92-97.

王慧，2018. 县域生态安全格局关键地段识别研究：以沛县为例[D]. 徐州：中国矿业大学.

吴健生，张理卿，彭建，等，2013. 深圳市景观生态安全格局源地综合识别[J]. 生态学报，33（13）：4125-4133.

谢婧，2021. 哈尔滨市区域生态网络构建与优化研究[D]. 哈尔滨：东北林业大学.

邢春晖，王云才，2018. 基于生态风险评价的城市生态格局修复：以太原市城六区为例[J]. 西部人居环境学刊，33（6）：48-53.

严强荣，2020. 冕宁县生态安全格局构建[D]. 成都：成都理工大学.

闫水玉，赵柯，邢忠，2010. 美国、欧洲、中国都市区生态廊道规划方法比较研究[J]. 国际城市规划，25（2）：91-96.

颜文涛，陈卉，万山霖，等，2021. 省级次区域国土生态空间格局构建与管控政策：以川西北生态示范区为例[J]. 上海城市规划（3）：8-17.

杨姗姗，邹长新，沈渭寿，等，2016. 基于生态红线划分的生态安全格局构建——以江西省为例[J]. 生态学杂志，35（1）：250-258.

杨志广，蒋志云，郭程轩，2018. 基于形态空间格局分析和最小累积阻力模型的广州市生态网络构建[J]. 应用生态学报，29（10）：3367-3376.

俞孔坚，王思思，李迪华，等，2009. 北京市生态安全格局及城市增长预景[J]. 生态学报，29（3）：1189-1204.

张芳明，2019. 基于生态基础设施的四川藏区城镇廊道系统构建研究[D]. 成都：西南交通大学.

张晓琳，2020. 长江下游平原区生态网络识别与优化研究：以常州市金坛区为例[D]. 南京：南京大学.

郑好，高吉喜，谢高地，等，2019. 生态廊道[J]. 生态与农村环境学报，35（2）：137-144.

Linehan J，Gross M，Finn J，1995. Greenway planning：developing a landscape ecological network approach[J]. Landscape and Urban Planning，33（1-3）：179-193.

Nogues Q，Raoux A，Araignous E，et al.，2021. Cumulative effects of marine renewable energy and climate change on ecosystem properties: sensitivity of ecological network analysis[J]. Ecological Indicators, 121: 107128.

Pierik M E, Dell'Acqua M, Confalonieri R, et al., 2016. Designing ecological corridors in a fragmented landscape: a fuzzy approach to circuit connectivity analysis[J]. Ecological Indicators, 67: 807-820.

Saura S, Estreguil C, Mouton C, et al., 2011. Network analysis to assess landscape connectivity trends: application to european forests (1990-2000)[J]. Ecological Indicators, 11 (2): 407-416.

Vuilleumier S, Prélaz-Droux R, 2002. Map of ecological networks for landscape planning[J]. Landscape and Urban Planning, 58 (2-4): 157-170.

Zhang L Q, Peng J, Liu Y X, et al., 2017. Coupling ecosystem services supply and human ecological demand to identify landscape ecological security pattern: a case study in Beijing–Tianjin–Hebei region, China[J]. Urban Ecosystems, 20 (3): 701-714.

第6章 生态乡村的生态空间规划

6.1 生态乡村的自然生态保护与修复规划

自然生态保护与修复规划指的是根据划定的生态红线划分水源涵养地、生物多样性保护区、水土保持区和其他生态敏感、脆弱区,并针对这些区域制定管理和保护的措施。

优化国土空间格局是生态文明建设中的重要举措。《全国国土规划纲要（2016—2030年）》提出需根据不同区域的资源禀赋状况及社会经济发展情况,确定国土空间开发的适宜性及限制性,明确国土空间开发建设规模、布局及时序,寻求生产-生活-生态空间的协调开发与发展。而生产空间集约建设、生活空间宜居适度、生态空间山清水秀,是我国构建空间开发利用新格局的目标。

生态空间主要提供生态服务及生态产品等,对于保障区域内的生态稳定性及完整性具有重要意义。生态乡村生态空间规划的目的在于对生态空间格局和生态功能进行优化。应结合乡村景观格局现状,分析目前乡村生态空间格局存在的问题,同时基于区域总体规划及上位国土空间规划要求,在结合乡村地形地貌、水系分布以及生态环境现状并考虑辖区内饮用水水源地、自然保护区、风景名胜区等生态敏感区的分布的基础上,提出乡村生态空间格局优化方案和措施。

6.1.1 林地和草地的保护与修复规划

1. 林地和草地资源概况

林地是重要的自然资源,在确保木材等原材料的供应以及维护土地生态安全方面发挥着重要作用。林地规划指的是根据当地的土地利用总体规划以及林业长期发展规划,并结合当地实际情况所制定的保护与合理利用林地的规划。它为某一地区甚至整个国家合理利用林地和科学配置林地资源提供了依据,对于林业生产建设和发展具有十分重要的意义。

草地指以草本和灌木植物为主并适宜发展畜牧业的土地,包括天然草地、改良草地和人工草地。草地规划指的是针对某一区域放牧草地、天然割草地等的合理利用与改良以及草地上各种设施的布局所制定的规划（高甲荣和齐实,2012）。其主要内容包括:季节牧场的划分、轮牧区的设计、各种畜群放牧地段的布局、生产设施（如饮水点）的规划、割草地的选择、储草场的设置、轮割区的划分和人工饲料基地的规划等。

2. 规划原则

1）林地保护规划原则

（1）坚持可持续利用的原则,即根据当前林业发展政策和国家生态建设要求,对具有重要生态功能和经济效益优势的林地给予专项规划,力图通过科学开发林地资源,并充分利用当地林业生产力,促进林业的可持续发展。

(2)坚持合理布局、优化结构的原则,即根据当地的经济和社会发展状况,对林地的布局和结构进行优化和调整,统筹"三生"空间对林地的使用,科学配置林地资源。

(3)坚持科学管理的原则,即创新林地的管理方式,创新规划和保障措施,因地制宜地对林地进行科学管理。

2)草地保护规划原则

针对草地退化区域的规划、布局应当因地制宜,统筹考虑草地的经济效益和生态效益,同时要结合气候、地形等自然要素,做好草地的保护和修复工作。

3. 绵阳市吴家镇三清观村林地景观整治案例

三清观村是绵阳市吴家镇下辖村,位于绵阳市中心城区西南部,村域面积 1009.07hm²。该村 15min、30min 车程半径内分别可达绵阳高铁南站(规划中)和绵阳市中心,211 省道贯穿村域南北。

1)现有的林地景观类型

三清观村现有的林地主要包括山林和果林两类。山林包括自然生长的林木林、竹林和经济林等类型,随地形起伏形成优美的山体轮廓线。果林通常整齐划一,较少有起伏变化,林下空间是极好的休闲场所,可开展采摘、观果、科普等活动。

2)山林景观提升策略

①划定明确的保护线。山林的风貌提升应以保护为前提,通过划定明确的山林生态保护线,保护山林的生态本底不被破坏。②可在对特殊地段的山林进行生态保护的基础上,进行适当的美化、绿化,同时可以山地森林公园的形式,发挥山林的休闲游憩和生态科普功能。对于乡村重要区域(如紧邻乡村公共活动空间的局部山林),可结合山林地形与植被进行适度开发,综合发挥其生态、社会和经济效益。

3)果林景观提升策略

(1)丰富果林内部的景观要素。在果林中营造休憩、活动场所时必须做到对果林生产环境的干扰较小,避免对果树种植产生不良影响。同时在果林内可根据空间大小、地形起伏的不同,布置一些景观小品和构筑物(如茅草亭、栈桥、架空栈道、石板路等),以增加果林趣味性。

(2)合理设计和组织果林内的通行路线,以达到"步移景异"的效果。具体而言,可根据果林内的果树分区,合理组织通行路线,并根据地形起伏营造休闲步道(可以是架空的木栈道,也可以是铺设于地面的石子路、汀步),让游客有良好的游览体验。

(3)增加节庆活动项目。可在桃花节等节庆活动的基础上,引入水果采摘、水果观光、果树认养等活动项目,并结合全域旅游规划设计"农夫果园""果园寻宝""野果园"等主题园区,以提升果园趣味性。

规划效果图如图 6-1 所示。

图 6-1　规划效果图

来源:《涪城区吴家镇三清观村村规划（2021～2035 年）》。

6.1.2　水资源与水环境保护规划

1. 水资源保护规划的基本任务和目的

水资源保护措施主要包括建设水利基础设施和水源工程。水资源保护规划的基本任务是根据乡村自然环境和社会经济发展状况,合理规划重点水利工程及水利配套渠系建设,提高水资源配置能力,完善农村水利基础设施网络,加强饮用水水源在线监测设施建设。

水资源保护规划的制定:①通过 GIS 相关技术对规划区域的地形地貌、水文等自然要素和居民点布局、耕地分布等社会要素进行综合分析和评价,以实现对水功能区的划分;②基于工程和非工程措施,提出有效控制水污染的方案和措施。

在制定水资源保护规划时,需要参考相关政策,并加大与水资源保护部门的合作,提高人们的水资源保护意识,以及借鉴和吸取其他国家和地区的成功经验和教训,从而使水资源保护规划更具科学性和合理性。水资源保护规划的最终目的是做到合理开发、利用、管理和配置水资源,实现对流域内水资源与水环境的保护。

2. 乡村的水资源保护规划

乡村的水资源保护规划涉及乡村水环境质量提升和水资源集约化利用两方面,具体规划方法和要求如下。

1）乡村水环境质量提升规划

（1）问题分析。基于实地调研，结合乡村水系以及饮用水水源地布局，从点源污染和面源污染两个方面梳理乡村水环境存在的问题。

（2）饮用水水源地的保护与建设。针对乡村饮用水水源地存在的问题，提出乡村饮用水水源地保护与建设的方案和措施，合理布局乡村饮用水水源地，制定保护范围规划图。

（3）生活污水治理。针对乡村生活污水排放特征，结合农村生活污水整治以及城镇生活污水处理设施建设，提出乡村生活污水治理方案与措施。制定城镇及农村聚居点生活污水收集管网布局规划图、生活污水处理设施建设规划图。

（4）工业污水治理。结合乡村工业发展及布局状况，以工业废水基础处理设施建设为重点，提出乡村工业污水治理方案与措施。制定乡村工业污水处理设施及管网建设布局规划图。

（5）面源污染防治。结合乡村种植业和畜禽养殖业的发展，重点从农田径流污染防治、畜禽养殖废水综合治理方面提出乡村面源污染综合防治方案。制定乡村农田径流污染防治重点区域分布图、畜禽养殖污染治理重点区域分布图、面源污染强度分布图、水环境点源污染分布图。

2）水资源集约化利用规划

（1）问题分析。基于实地调研，结合乡村产业发展和居民生活情况，梳理乡村水资源利用过程中存在的问题，评估乡村水资源开发利用现状。

（2）水资源集约化利用方案。针对乡村水资源利用过程中存在的问题，结合区域水资源利用规划，从农业生产、工业生产、服务业运营以及居民生活等方面，以水资源管理、水资源利用减量化、水资源供应以及水资源梯级利用为重点，提出乡村水资源集约化利用方案。

3. 川西北地区的水资源现状

川西北地区主要分布有白龙江、涪江、岷江、青衣江、大渡河、黑水河、杂谷脑河、沱江等几大水系（赫子皓，2017）。其中白龙江全长约576km，流域面积达3.18万km²，水资源丰富，但地势落差大，加上各种人为因素，导致流域内泥石流等自然灾害频发。涪江发源于岷山主峰雪宝顶，全长约700km，流域面积3.64万km²，水资源丰富。岷江全长约711km，海拔落差3560m，流域面积13.60万km²，是成都平原最重要的水资源。青衣江发源于邛崃山脉巴郎山与夹金山之间的树溪营，汇入大渡河。大渡河发源于青海省玉树藏族自治州阿尼玛卿山脉的果洛山南麓，在乐山市南部汇入岷江，全长约1062km，流域面积7.77万m²。黑水河位于阿坝藏族羌族自治州的黑水县和茂县境内，是岷江上游最大的支流，自东向西有两个源头（安启龙，2013），西边的源头位于黑水县西部的阳公山山脚，北边的源头位于若尔盖草原，最终汇入岷江，流域面积0.72万km²。杂谷脑河发源于鹧鸪山南麓，在汶川县威州镇汇入岷江（卢红伟等，2013），全长约158km，流域面积0.46万km²。沱江发源于川西北九顶山以南的断岩头大黑湾，在泸州市汇入长江，全长约712km，流域面积3.29万km²。

总体上，川西北地区水系众多，水资源丰富，是长江上游重要的水源涵养区，具有极为重要的生态服务功能和保护价值，支撑着流域内城市和乡村的社会经济发展。

4. 川西北乡村水资源与水环境保护规划案例

1）街子乡生态乡村水资源保护规划

街子乡位于绵阳市东北部的游仙区，东接新桥、忠兴两镇，南与新桥镇紧邻，北与忠兴镇接壤，西与新桥、云凤、忠兴三镇相连。乡境内地势平坦，水资源丰富，芙蓉溪穿境而过，蓄水量达 327 万 m^3 的金花水库基本能保证全乡农田的灌溉（杜青峰，2018）。街子乡绿地及水域分布图如图 6-2 所示。

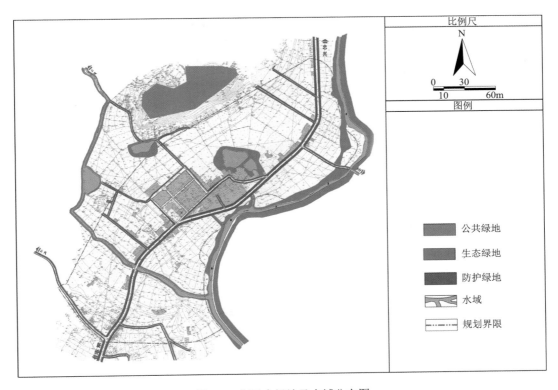

图 6-2　街子乡绿地及水域分布图

来源：《游仙区街子乡省级生态文明示范乡镇建设总体规划（2015～2020 年）》。

街子乡农田基本实现重力灌溉，水质总体上较好，能满足农业生产和城乡生活用水的需要。灌溉渠长约 240km，穿越了 9 个村、78 个村民小组，耕地有效灌溉面积达到 100%（彭雷，2015）。街子乡的水资源保护措施如下。

（1）规划西部水源保护生态功能区。该地区的主要生态功能是水资源涵养，包括金华水库及芙蓉溪周边区域以及与金华水库临近的高庙村和意安村。发展方向：鼓励发展水产养殖业、传统农业；禁止在金华水库蓝线以内建设和养殖；禁止将农业废弃物排放到地表河流。

（2）建立污水处理系统。①镇区污水处理：完善镇区老街排污管网，规划建设场镇污水处理站一处；建设公共厕所；镇区新建房屋全部建设三格式化粪池。②农村污水处理：规划建设行政村污水处理站两处，即高意村污水处理站和岳家村污水处理站；根据山区居住点分散的特点，统一建立生活污水收集管网，采取生物净化方式处理污水；提倡新建房屋修建水冲式厕所、三格式化粪池，对老旧住房实施改水改厕措施和修建沼气池（杜青峰，2018）。

水资源集约化利用规划图如图 6-3 所示。

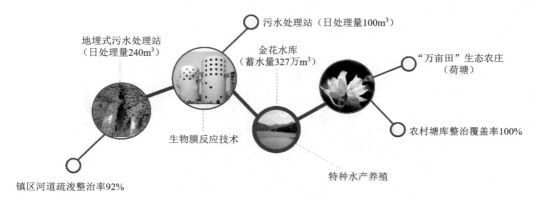

图 6-3　水资源集约化利用规划图

来源：《游仙区街子乡省级生态文明示范乡镇建设总体规划（2015～2020 年）》。

2）方水镇白玉村水资源保护规划

白玉村位于江油市方水镇西南部，临近绵阳市区，比较缺水，村里用蓄水池收集雨水，村域内有两座水库。

（1）水环境质量。地表水按《地表水环境质量标准》（GB 3838—2002）中Ⅲ类及以上标准控制，地下水按《地下水质量标准》（GB/T 14848—2017）中Ⅱ类及以上标准控制。①水源保护区范围根据《饮用水水源保护区划分技术规范》（HJ 338—2018）划分：一般河流水源地、一级保护区水域为取水口上游不小于 1000m、下游不小于 100m 范围内的河道水域；二级保护区范围为一级保护区的上游延伸不小于 2000m，下游边界距一级保护区边界不小于 200m。②保护要求：按《地下水质量标准》（GB/T 14848—2017）中Ⅱ类标准进行控制，各级饮用水水源保护区严格执行《饮用水水源保护区污染防治管理规定》《四川省饮用水水源保护管理条例》。

（2）水污染控制。实施水土流失治理，通过小流域综合治理，退耕还林、还草，完善坡面排水系统，建设蓄水池等生态环境工程，治理和控制水土流失（吴小平，2004）。推广节水、节肥技术，适时、适量地施用化肥和农药，结合农村改水、改厕工程，积极发展农产家庭沼气工程，这样既能解决部分能源问题，又能明显降低污染。水环境治理应考虑防洪、景观、水库等的需求，严禁在水塘及河道倾倒固体废弃物，定期清理河底或水塘内可作为早期肥料的污泥。

（3）生态保护与景观打造。在村庄的不同水域，采用自然生态线，恢复边坡和岸线，以此改善环境，形成天然岸线景观，同时在水中种植芦苇等亲水植物，以提高水体的自净能力，充分利用天然湿地的水质净化功能保护水生态环境。依据地形设计天然的驳岸，必要时在栈桥上铺设道路，由此人们可在芦苇丛中穿行，同时观赏花和树。水域生态景观断面如图 6-4 所示。

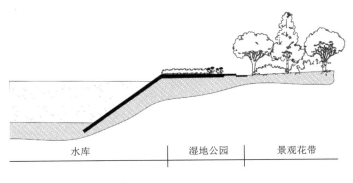

图 6-4　水域生态景观断面

6.1.3　生态乡村水土流失与地质灾害整治规划

1. 水土流失整治规划

水土保持措施是治理水土流失以及保护水环境的重要措施。水土保持技术主要研究边坡、沟渠等的水土保持工程，是防止水土资源在水力、风力和重力等外力作用下流失和被破坏的技术措施。

根据建设条件，水土保持工程可分为以下三类。

1) 山坡防护工程

山坡防护工程的目的是防止山体出现水土流失。山坡防护工程包括坡面治理工程和边坡固定工程等，其中边坡固定工程应采取能防止边坡上的岩土体移动和能确保边坡稳定的技术措施，如人工消减坡度、利用植物固坡等。而为防止滑坡，可在重力侵蚀地段建造稳固的支撑结构，如山坡截流沟、梯田、水簸箕、钱鳞坑等。山坡防护工程在维护土地安全、防止沟头前进、防止山体滑坡等方面起着重要作用。

2) 山沟治理工程

山沟治理工程的目的是防止沟头前进、沟床下切、沟岸向两侧扩张，调节水流量，降低泥石流的沙石携带量，从而促进山洪安全排放。该类工程包括：沟头防护工程、以拦截和调节沉积物为主要目的的各种沉积物坝、以拦截沉积物和淤泥为主要目的的拦沙坝以及护岸和护坡工程等。

3) 小型蓄水工程

小型蓄水工程的作用是保持地表径流的流动以及拦蓄地下径流，减少大量迅猛的地表径流对水和土壤的破坏以及水土流失，灌溉农业用地，提高农作物的产量。该类工程包括小型水库和塘坝、淤滩造田、引洪灌田等。

2. 地质灾害整治规划

1）规划原则

（1）遵循"预防为主，避让与治理相结合"的原则。

（2）坚持因地制宜、统筹规划、突出重点、量力而行、分步实施的原则。必须确定主次、轻重、缓急，统筹规划，分步实施，把有限的资金用在重点治理工程上，优先安排基础性工作、监测工作和城镇重大地质灾害点的治理，做到近期与长期结合、局部与整体兼顾。

（3）坚持地方政府责任制和"谁诱发，谁治理"的原则。地方政府对当地所发生的地质灾害负责，并将责任分区、分级地明确落实到相应部门。地方国土资源行政主管部门负责本行政区域内地质灾害防治工作的监督管理。对于自然因素造成的地质灾害，由地方财政部门出资解决；对于人为诱发的地质灾害，坚持"谁诱发，谁治理"的原则。

（4）坚持技术创新的原则。防治工作应实现科学性、可操作性与最低风险、最高效益的有机结合，以取得最高的经济、社会和环境效益。

2）防治重点

（1）重点防治期。汛期（5～9月）是预防地质灾害的关键时期。主汛期（6～8月）为地质灾害高发期，尤其是日降雨量大于 50mm 时。

（2）重点防治区域。重点防治区域主要是生态敏感和脆弱的区域。以四川省为例，川西北高山峡谷地区和龙门山地区为重点防治区域。①川西北高山峡谷地区，地质构造复杂，局部区域容易出现暴雨天气。由于地势落差大、水资源丰富，该地区建设有大量的基础设施（如水电、铁路、公路等重点基础设施），各类设施的建设活动对地质环境有明显影响，引发地质灾害的风险高。其中阿坝州马尔康市、金川县、小金县，以及甘孜州丹巴县、泸定县、得荣县等属于地质灾害重点防治区域。②川西北龙门山地区，地质环境条件复杂，且受汶川地震和芦山地震的叠加影响，目前仍处于地质灾害多发期，多地也曾出现区域性强降雨和局地暴雨。其中绵阳市的安州区、北川县、平武县和江油市，以及阿坝州的汶川县、理县和茂县均为地质灾害重点防治区域。在重点防治区域人员聚集区（如学校、医院、乡村建筑）和在建的道路、水电重大工程等均是重点防治对象。

3. 川西北地区水土流失和地质灾害现状

川西北地处青藏高原东南部，山地、高原广布，地势落差较大，断裂构造发育，气候复杂多变，龙门山地震带等的地震活动较频繁。根据《四川省"十四五"地质灾害防治规划》，四川省是全国唯一地质灾害隐患点数、威胁人数、威胁财产数三项指标占比均超过全国同期 10% 的省份，主要的地质灾害为滑坡、泥石流，且广泛分布在川西北地区范围内。川西地区位于青藏高原的边缘地带，由于印度板块与欧亚板块的挤压碰撞，形成了跨越川西高原与盆地过渡带的高山峡谷区。同时由于主要板块的围限作用，该地区的构造体系十分复杂，有强烈的现代构造运动，且活动断裂活跃，地震活动频繁，崩滑流灾害频发。

诱发地质灾害的人类活动主要有采矿、水利水电工程建设、公路建设及破坏植被等。

（1）矿产开采活动多出现在涪江沿岸附近地区，采矿活动不当会破坏当地的地下水资源以及污染土壤。

（2）在大渡河、岷江和涪江流域已经修建了几个不同规模的水电站，另有一些正在设计或建造。这些水电站虽然为人们的生活创造了便利，但也会对地质环境造成一定的破坏。

（3）川西北地区大部分为山区，缺乏相对平坦且面积较大的建设用地。人们的生产生活主要集中在边坡底部或者河谷地区，这极大地改变了边坡的自然状态，也对边坡植被造成了一定程度的破坏，加剧了水土流失。

（4）为了发展交通，川西北地区近年来修建了许多道路，但建设过程破坏了山体，也影响了道路周边的生态环境。

4. 川西北地区地质灾害整治和防护规划案例

1）平武县平通羌族乡桅杆村防灾规划

平通羌族乡隶属四川省绵阳市平武县，位于平武县东南部，东邻江油关镇、响岩镇，西接豆叩羌族乡，南临北川羌族自治县桂溪镇，北接古城镇、坝子乡，面积233.19km²。而桅杆村位于平通羌族乡南部，北与石坝村接壤，东与江油市比邻，西与牛飞村相接，南接北川羌族自治县桂溪镇，距平通羌族乡中心区1.6km，距江油市42km。平绵高速从村域南北向穿过，是平武县的东南门户。桅杆村地处地质灾害易发区，地形坡度一般为20°～50°，海拔为680～1640m，地势落差较大，年平均降雨量在1200mm左右。

由于地质灾害对建筑物、村民和基础设施构成潜在威胁，施工期间，应避开滑坡、泥石流等自然灾害高发的区域，并对保护区采取修建防护坝、挡土墙等措施和采用开凿、减载等技术。在规划和管理建设项目时，地方政府必须委托有资质的相关单位编制地质灾害危险性评估报告。

（1）抗震工程规划。抗震防灾工作要贯彻"预防为主，防、抗、避、救相结合"的方针，将开敞空间及公共活动场地等作为抗震避难场所，提高村民在发生地震时的应急应变能力，增强村庄的综合抗震能力。各类建筑要采取抗震措施，建筑抗震设防应按照《建筑工程抗震设防分类标准》（GB 50223—2008）、《建筑抗震设计规范》（GB 50011—2010，2016年修订版）执行。

（2）防洪规划。农村居民点防洪标准均按20年一遇设计。雨水排放应达到1～3年一遇暴雨重现期标准，区域除涝设施应达到20年一遇最大24h面雨量标准。

（3）地质灾害防治。坚持"预防为主，避让与治理相结合"的原则。工程建设应结合地貌特点，避免"深开挖，高切坡，高填方"，加强开展生态环境保护工作和防洪工程建设。禁止破坏植被，防止水土流失。根据聚居点地质情况，在建设各项工程项目前进行地质灾害评估，并将评估结果作为项目选址及建设的依据，避免在溶洞、危岩和易发生滑坡的地段建设。

平武县平通羌族乡桅杆村防灾规划图如图6-5所示。

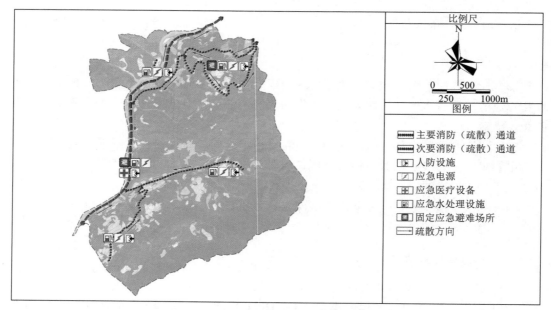

图 6-5　平武县平通羌族乡桅杆村防灾规划图

来源：《绵阳市平武县平通羌族乡桅杆村村规划（2021～2035 年）》。

2）绵阳市涪城区吴家镇三清观村防灾规划

参见平武县平通羌族乡桅杆村防灾规划。防灾规划图如图 6-6 所示。

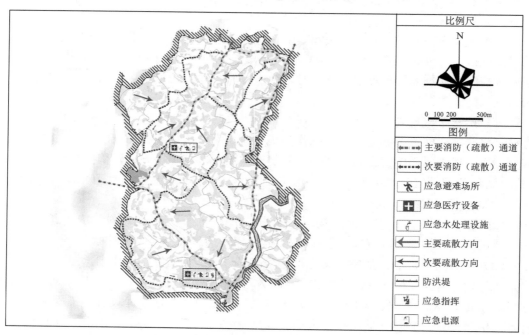

图 6-6　绵阳市涪城区吴家镇三清观村防灾规划图

来源：《绵阳市吴家镇三清观村村规划（2021～2035 年）》。

6.2 生态退化型乡村的生态修复

生态退化是生态系统的逆向演替，表现为物种流、物质流和能量流流动减少，以及生态系统结构简化、生物多样性下降和生境破坏，如植被面积减小、土壤肥力降低、水土流失、耕地沙漠化等。造成生态退化的因素有两类：一类是自然因素，如地震、山崩、火灾、气候变化等；另一类是人为因素，如城乡无序建设、草场过度放牧、森林过度砍伐、水产资源过度捕捞、环境污染等（王宏伟等，2008）。生态退化将严重制约和影响社会经济发展甚至人类生存。

城乡发展和建设空间扩张可能会破坏周边区域和流域环境，进而破坏生物栖息地、改变地表及地下径流和造成水土流失等。当破坏程度不超过生态系统承载能力时，生态系统能够自我恢复；但是，当破坏程度超过生态系统承载能力时，生态系统则更多地依赖于人工修复。应以提高生态修复区域的生态环境质量为目标，在消除生态干扰后，保持生态系统稳定和物种多样性，解决区域生态环境问题，有效优化区域生态空间格局（马克明等，2004）。

20世纪中期，美国学者开展了生态系统恢复和重建的相关研究，并提出将受损的生态系统恢复到原来的自然状态是生态系统服务功能恢复的关键。而我国的生态修复研究始于防护林工程和退耕还林工程，并已取得了一些理论和实践成果。从草地、湿地、森林等单一生态系统的修复到整体景观修复，再到城市生态系统修复，我国对生态修复的研究深度和广度不断拓展（陈兴茹，2011；任海等，2014）。生态修复不仅要恢复生态系统生产力，还要整合景观环境。同时，生态修复应基于生态学与化学、物理等多个学科交叉融合，并结合工程技术措施，实现最优修复效益和最低成本（马克明等，2004；任海等，2014）。

6.2.1 水体生态修复理论与技术

水体生态修复理论与技术涉及生态工程原理和技术，通过控制水体污染、调节水量和水文、进行河床和河岸边坡结构的生态改造以及生物多样性的恢复，重建水体生态系统的结构和功能，实现生态平衡。

常用于乡村的水体生态修复技术主要包括稳定生态塘处理技术、人工湿地处理技术、土地处理技术、人工沉床技术和清洁底泥吹填技术等。

1. 稳定生态塘处理技术

稳定生态塘（氧化塘或生物塘）是使用天然净化方式处理污水的构筑物的总称，通常指人工修复的土地及人工修建的池塘、围堤和防渗层。其净化过程与自然水体的自净过程相似，即利用水体中微生物和藻类的联合作用来处理废水中的有机污染物，具有费用低、易维护和维修、可以有效去除废水中的有机物质和病原体以及无须处理污泥等优点。稳定生态塘示意图如图6-7所示。

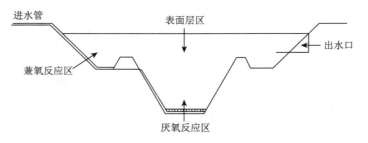

图 6-7　稳定生态塘示意图

2. 人工湿地处理技术

人工湿地可通过物理、化学和生物方法的三重作用使污水得到净化。人工湿地有一定长宽比和地面坡度，且河床填充了土壤和填料，被污染的水可以在河床的填充间隙或表面流动。可在河床表面种植对污染物具有处理能力的植物，并利用土壤-植物系统的吸附、过滤及净化作用和自我调控功能净化水质和营造湿地景观（图 6-8）。

3. 土地处理技术

土地处理技术是指利用土壤的吸附、过滤和净化功能以及自我调节能力对受污染的水体进行净化，可分为快速渗滤、慢速渗滤和地下渗滤技术等。

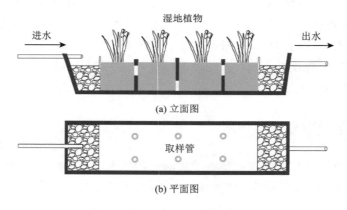

图 6-8　人工湿地模拟装置示意图

4. 人工沉床技术

人工沉床装置利用载体和沉水基质为水生植物的生长创造适宜的环境条件，基质中的水生植物能修复受损水体，恢复水生生态系统的平衡。另外，可利用浮力调节系统人工控制植物在水下的深度，以解决水流不稳定、水体透明度低和水藻泛滥影响植物生长的问题。

人工沉床作用机理包括：①直接吸收营养物质和富集重金属；②通过物理吸附去除悬浮物和高分子有机物，提高水体透明度；③释放氧气，提高水体溶解氧含量；④通过植物化感作用抑制藻类和细菌的生长；⑤为微生物的活动提供附着载体和氧源，形成植物-微生物协同净化。

5. 清洁底泥吹填技术

清洁底泥吹填技术有助于减小水深，改善沉积物特性，创造多样化的地形，为水生植物创造有利的栖息条件（李英杰等，2010）。清洁底泥吹填技术工艺流程图如图 6-9 所示。

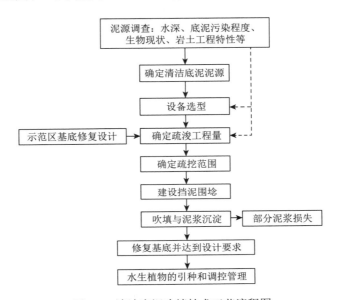

图 6-9 清洁底泥吹填技术工艺流程图

6.2.2 土壤修复理论与技术

1. 土壤退化概述

土壤退化指在各种因素特别是人为因素影响下土壤质量持续下降（包括暂时性的和永久性的）甚至完全丧失其物理学、化学或生物学特征的过程（陈学民，2011）。目前，在中国危害程度较严重的土壤退化形式主要有土壤侵蚀、水土流失、土壤沙化和土壤污染等。为了遏制严重的土壤侵蚀和水土流失，我国采取了调整土地利用结构、恢复植被、改进耕作方式、在坡面修建梯田以及在沟道修建淤地坝等一系列水土保持措施（Zhu，2012；高海东等，2015）。土壤沙化一般是指干旱、半干旱或半湿润地区在各种因素的影响下，其土壤表面出现以沙（砾）状物质为主要物质的土地退化过程。我国是世界上土地沙化程度较严重的国家之一，中国荒漠化监测中心运用遥感、地理信息系统和地面调查技术相结合的方法，监测我国荒漠化和沙化土地的面积、分布情况和发展趋势。第五次全国荒漠化和沙化监测结果显示，截至 2014 年底，全国荒漠化土地面积 261.16 万 km^2，占国土面积的 27.20%，沙化土地面积 172.12 万 km^2，占国土面积的 17.93%。

川西北高寒草地是我国重要牧区之一，同时也是重要的水源涵养区。随着全球气候变化的加剧和过度放牧，高寒草地同样面临着不同程度的退化及沙化（邓东周等，2010）。我国关于退化草地治理和修复的研究工作多集中关注北方干旱、半干旱地区，研究结果显示退耕还林还草、草地围栏封育、合理轮牧和降低人为干扰强度是实现退化草地恢复与重建的重要手段。目前川西北土地的沙化趋势很严峻，草地和林地正不断地向沙化、沙漠化的方向发展，并且已经出现了大面积的流动沙丘，草地和林地的沙化问题已成为川西北生态环境的突出问题之一，威胁着水资源安全和畜牧业经济的可持续发展。但是，值得注意的是，在土地沙漠化初期进行沙漠化治理可取得良好的效果，因此应在土地沙漠化初期加大治理力度，防止土地进一步沙漠化。

土壤污染主要表现为土壤酸化以及工农业废弃物、有机污染物和重金属污染土壤等。土壤污染主要通过改变土壤的理化性质，影响植物生长，污染农作物，并通过食物链进入人体，危害人体健康。土壤污染物可分为物理污染物、化学污染物、生物污染物和放射性污染物等。按照主要污染物的类型，土壤污染可以分为重金属污染、持续性有机污染物污染（如石油、化工产品污染）和农业废弃物污染（如农膜、化肥和农药污染）等。

2. 退化土壤修复技术

土壤修复技术是能使退化的土壤恢复正常理化性质与功能的技术，按照修复机理主要分为物理修复技术、化学修复技术和生物修复技术。

1）物理修复技术

物理修复技术是指根据物理学原理，对退化土壤进行修复或重建的一种土壤处理技术。其可通过研磨、压实、填充、土壤松动、排水和灌溉等改善土壤形成条件和土壤理化性质，还可通过机械工程措施、蒸汽提取、淋洗、固化等改善土壤环境质量，但其土壤修复成本相对较高，仅适用于小面积污染区域的土壤修复。

2）化学修复技术

化学修复技术是指利用化学修复剂与土壤的化学反应，通过调节土壤酸度、进行化学淋洗，对退化土壤进行修复或重建的一种土壤处理技术（胡宏祥和邹长明，2013）。

土壤重金属化学修复流程图如图 6-10 所示。

图 6-10　土壤重金属化学修复流程图

3）生物修复技术

生物修复技术是指利用生物技术处理被污染的土壤，主要包括植物修复技术和微生物修复技术。在修复实践中，可将两者进行结合，提升土壤修复效果（赵景联，2006；钟成华，2013）。

（1）植物修复技术。该技术利用自然生长或由遗传工程培育的植物，清除环境中的污染物（陈汉文和周亚杰，2013），涉及植物固定、植物吸收、植物挥发和根系降解四个方面。其优点为成本低、对环境的扰动少、二次污染少、可美化环境等。①植物固定。该方法指利用植物降低环境中重金属或有毒物质的流动性和生物利用度，进而降低重金属或有毒物质对生物体的毒性。这种方法只能暂时固定重金属或有毒物质，并不能完全去除环境中的重金属或有毒物质。②植物吸收。该方法指利用植物可吸附重金属或有毒物质的特性，将环境中的重金属或有毒物质转移到植物体内，然后通过收割植物的形式间接将重金属或有毒物质从环境中分离出来。③植物挥发。植物可利用根系将污染物转移到自身体内，而污染物一般具有挥发性，可通过植物体的孔隙挥发到空气中。④根系降解。可利用植物根系降解重金属，也可利用根际微生物降解和矿化一些有机污染物（如多环芳烃、多氯联苯等）。植物修复技术流程图如图 6-11 所示。

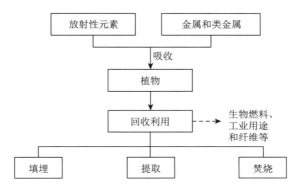

图 6-11　植物修复技术流程图

（2）微生物修复技术。微生物可以降低土壤中重金属的毒性，改变根部微环境，影响植物对重金属的吸附和积累，提高植物清除重金属的能力（刘传德等，2008）。微生物修复技术一方面可通过植物细胞内的金属硫蛋白积累重金属，而金属硫蛋白对 Hg、Zn、Cd、Cu、Ag 等重金属有强烈的亲和性，从而能抑制其毒性（周群英和王士芬，2008）；另一方面可通过对土壤养分的转化作用，间接影响植物生长和植物对重金属的富集能力。

微生物修复技术的主要优点包括：①较为成熟，造成二次污染的可能性较小；②操作简单，可进行原位处理；③对周围环境的影响较小；④费用较低；⑤可处理多种有机污染物。

微生物修复技术的缺点表现在：①在污染物溶解程度较低或污染物与土壤腐殖质、黏粒矿物结合得较紧密的情况下效果较差；②专一性较强；③微生物能降解的污染物的浓度有限；④受各种环境因素的影响较大；⑤对修复地点有一定的要求。

6.2.3　生境退化和生物多样性恢复理论与技术

1. 生境退化

生境退化表现为，由于人类乱砍滥伐、过度开垦及不合理经营等或自然因素（如火灾、虫害等），导致原生自然生态系统遭到破坏，从而向与其演替方向相反的方向发展。

生境退化的特征包括以下两个方面。①生态系统结构发生变化，即先前稳定物种之间的关系被破坏，生态系统中的一些原生物种消失，一些外来物种入侵；生物间共生关系和土壤种子库改变等。②生态系统服务功能改变，主要表现为土壤有机质减少、水土流失；生物生产力和生物量降低，生态系统服务功能衰退及自我调节能力下降等。

2. 退化生态系统恢复过程

退化生态系统的恢复过程：①确定生态系统边界；②进行生态系统状况调查及全面评估；③进行生态系统退化诊断，厘定限制因子；④确定生态系统恢复的目标、原则、方案；⑤实施生态系统恢复，开展生态系统恢复的示范、推广工作；⑥对恢复效果进行检测与评估。

3. 退化生态系统的诊断

用于诊断生态系统是否退化的指标有很多，对于不同区域、不同规模和不同类型的生态系统，诊断指标的选择和要求不同。为了使诊断结果具备准确性和客观性，选取指标时必须遵循以下原则：①整体性原则；②概括性原则；③动态性原则；④定性指标与定量指标相结合的原则；⑤指标体系的层次性原则。

生态系统是生物与环境的统一体，而各生态系统的尺度和范围不尽相同，所以退化生态系统的诊断指标体系存在不同。

植被在生态系统中起着重要的基础性作用，植被退化将不可避免地导致整个生态系统的解体和崩溃，是生态系统退化的重要标志。植被退化主要体现在数量、组成与结构、生产力与功能、品质等方面，其中植被数量指标包括森林覆盖率和林地面积；植被组成与结构指标包括种类、丰度、优势度、密度、均匀度和物种多样性；植被生产力与功能指标包括净初级生产力、生物量和光合产物等；植被品质指标包括养分含量、微量元素含量和污染物含量。植被退化诊断指标体系如图 6-12 所示。

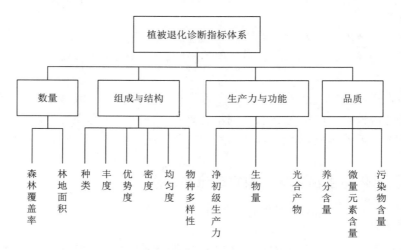

图 6-12　植被退化诊断指标体系（章家恩和徐琪，1999）

4. 湿地生态恢复技术

天然湿地是重要的生物栖息地，对生物多样性保护具有重要的意义。根据湿地的组成和生态系统特征，湿地生态恢复技术可分为湿地生境恢复技术和湿地生物恢复技术。

1）湿地生境恢复技术

湿地生境恢复技术包括湿地基底恢复技术、湿地水文恢复技术、土壤恢复技术等。其中，湿地基底恢复技术是指采取工程措施保持湿地的稳定性和范围，改造湿地地形，主要包括湿地基底重建技术、湿地及其上游水土流失管理技术等。湿地水文恢复技术主要涉及水文条件的稳定和水环境改善，水文条件的稳定通常通过建设水库和引水渠来实现，而水环境改善技术包括废水处理技术、水体富营养化控制技术等。必须加强湿地上游河流生态建设，否则水文过程的连续性将得不到保证（韩勤等，2010）。土壤恢复技术主要包括土壤污染控制技术和土壤肥力恢复技术。此外，生物墙、生态走廊、生态保护堤的建设也是有效的恢复手段，可以帮助湿地逐步恢复生态环境。

2）湿地生物恢复技术

湿地生物恢复技术主要包括物种繁育栽培技术、种群动态调控技术、群落结构优化配置技术、群落演替控制与恢复技术等。通过生物恢复技术，可以保护湿地的生物多样性。在许多湿地生物恢复实践中，生物恢复技术常被整合和应用，且取得了良好的成效。例如，为了有效解决互花米草入侵的问题，有研究利用外来红树林物种无瓣海桑和海南海桑入侵互花米草群落等。

通过生境恢复技术和生物恢复技术，可以改善和优化湿地生态系统的功能和结构，提升湿地生态系统的调节和支持功能。

目前，这些技术尚处于不断完善和发展中，应针对地域特色进行因地制宜的研发和应用。

6.3　川西北生态乡村的生态空间规划实践

6.3.1　壤塘县中部水土保育型生态空间规划实践

壤塘县位于四川省阿坝州西部，青海省和四川省交界处，与阿坝县、金川县，甘孜州道孚县、炉霍县、色达县，以及马尔康市和青海省班玛县 7 个县（市）毗邻，地处川西北高山峡谷向丘状高原过渡地带，大渡河上游，为大渡河水源地保护区，紧邻三江源国家公园，生态区位非常重要。

1. 生态保护格局

壤塘县生态环境脆弱，草原退化、土地沙化；山林被过度采伐，植被遭到破坏，水源涵养功能较差，水土流失严重，生态功能敏感区分布广泛。

县域范围内有香拉东吉圣山自然保护区、南莫且湿地国家级自然保护区（大渡河水源涵养功能区）、则曲河水利风景区、川陕哲罗鲑保护区等，县域生态空间规划重点关注水源涵养、水土保持和防风固沙等生态功能。因此，围绕自然生态本底，可将壤塘县的生态空间划分为三个区域：西部水源涵养生态功能区、中部水土保持生态功能区和东部生物多样性生态功能区。其中，中部水土保持生态功能区主要包括茸木达乡、南木达镇、尕多乡、蒲西乡、宗科乡、石里乡以及上杜柯乡东部、吾伊乡东部和岗木达镇东部地区。壤塘县生态功能区规划图如图 6-13 所示。

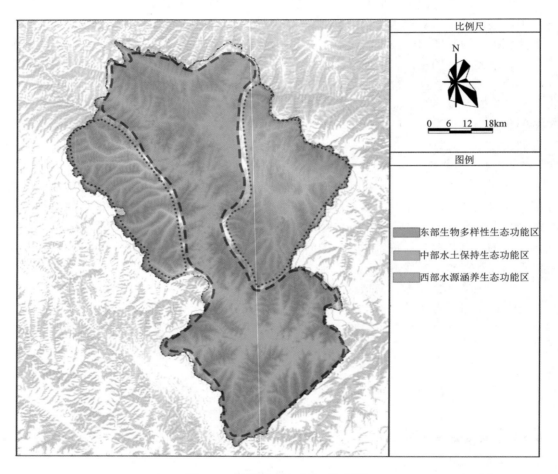

图 6-13　壤塘县生态功能区规划图

来源：《壤塘县国土空间总体规划（2019～2035 年）》。

2. 中部地区资源保护与利用

应统筹规划区域内山体、林地、水、耕地、草地及矿产等各类自然资源的保护与利用，以实现壤塘县自然资源的可持续利用，支撑经济、社会和谐发展，保障区域生态系统良性循环。

1）生态环境修复与治理

（1）自然生态恢复。加强对河流、河谷、矿山等重点区域生物多样性的保护与恢复，并以杜苟拉自然保护区、高原峡谷区、高原山地区为重点区域，推进天然林保护；对 25°以上坡耕地、重要水源地 15°～25°坡耕地实施退耕还林等；推进南莫且湿地自然保护区的退耕还草，实现林草植被快速恢复。

（2）工程治理修复。对于南莫且湿地自然保护区，通过填沟保湿、治理鼠虫害、控制载畜量等措施进行修复；开展杜柯河、则曲河等河流廊道的造林行动，营造沿河水土保持和防护林带，加大河岸线生态修复力度；加强山地灾害防治和水土流失综合整治。

2）水资源保护与利用

确定水资源规划目标，加大水资源保护力度，明确总用水量、水资源开发利用率、水质达标率以及湿地保有量等指标。

（1）水资源配置。明确生活用水量、工业用水量、灌溉用水量、农村牲畜用水量、生态环境用水量等占总用水量的比例，提高农田灌溉水有效利用率。严格控制水功能区总纳污量，水质达标率在规划期内保持在 100%。

（2）重点水利工程。新建门底沟水库、上杜柯水库、宗科水库；完善杜柯河、则曲河的灌溉主渠、支渠建设；开展杜柯河、则曲河等的堤防建设和清淤工程，昔朗沟、俄拉沟、卡龙沟等的综合治理工程，以及蒲西、宗科、石里、岗木达等乡镇的农村安全饮用水工程。

3）山体资源保护与利用

（1）山体资源规划目标。提升山体的生态功能、生物多样性、森林覆盖率和质量，同时科学处理并妥善解决山体保护与经济发展建设之间的矛盾，构建功能完善、布局合理、特色鲜明、切实可行的山体保护体系。

（2）山体资源等级划分。依据山体保护对自然资源、经济发展和生命安全的重要性，将山体保护区划分为两个等级：山体一级保护区，包含自然保护区的核心区和缓冲区、风景名胜区的核心景区、饮用水水源保护区、交通基础设施保护控制区内的山体、易发生地质灾害的山体；山体二级保护区，包含自然保护区的试验、风景名胜区的一般景区。

（3）山体保护区保护措施。山体保护区内，除重要基础设施、公共服务设施、山体景观游览设施、军事等特殊用途设施、生态保护工程以及壤塘县人民政府批准的建设项目以外，禁止建设其他项目。

6.3.2　安州区北部生态保育型乡村生态空间规划实践

安州区位于四川省绵阳市西南部，四川盆地西北部。其北部山区隶属龙门山脉，地势较高，山脊海拔多在 1000～2500m，雨水充足，气候湿润，有较丰富的天然林场资源，土壤肥沃，生态系统结构良好，森林植被发育较好，在水源涵养、生物多样性保护、调节区域小气候等方面具有较高的生态系统服务价值。在生态环境建设方面，安州区以保育山区天然林植被、进一步增强水源地森林生态系统稳定性和水源涵养能力为重点。安州区功能分区图如图 6-14 所示。

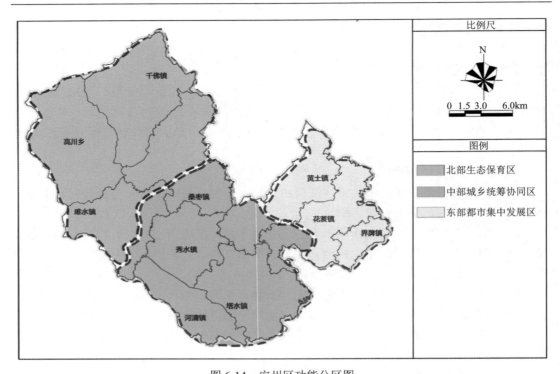

图 6-14　安州区功能分区图

来源：《安州区全域统筹及镇（乡）国土空间总体规划（2020～2035 年）》。

1. 生态保护重要性评价

应按照《资源环境承载能力和国土空间开发适宜性评价指南（试行）》的要求，开展生态系统生态保护重要性和生态脆弱性评价，识别生态保护极重要区和重要区。生态保护重要性反映了在国土空间中进行生态保护与维护的重要程度，生态保护区一般分为极重要区、重要区和一般区三种类型。极重要区生态保护重要性等级高，生态系统的完整性和连通性好；重要区生态保护重要性等级较高，生态系统具有一定的完整性和连通性；而一般区生态保护重要性等级低，生态系统人工属性突出。

（1）评价准则。①根据生态保护重要性等级，确定生态保护极重要区、重要区的备选区域。生态保护重要区域首先应具备重要的生态功能，而生态保护重要性等级越高，生态脆弱性越高，生态保护的重要程度也越高。②确保生态斑块的大小和形状满足生态保护需要。生态保护重要区域应该具有一定的面积，且斑块破碎程度较低。可针对适宜进行生态保护的备选区域进一步评价其斑块集中度，斑块集中度越高，说明斑块破碎程度越低，生态保护的价值越高。③确保生态系统的完整性和连通性。对于具有地带性指示意义的生态系统，其面积越大，空间分布越集中，生态保护重要程度越高。对于河流、水库等重点生态廊道，应对其生态功能进行整体评价，确保生态系统及其服务功能的整体性和连贯性。④协调重点区域开发建设和生态服务保障需求。一方面保障城镇建设重点区域周边，特别是城镇周边重点生态区域的生态服务功能；另一方面统筹城镇开发建设的需求，在不破坏生态环境的前提下进行城镇开发建设。

（2）评价步骤。①根据生态斑块集中度初步确定生态保护重要性等级，并按照生态保护重要性等级建立判别矩阵，以进一步划分生态保护极重要区、重要区和一般区。②根据生态保护重要性等级，确定生态保护极重要区、重要区的备选区域。将生态保护重要性等级高（Ⅴ级）的空间单元，作为生态保护极重要区的备选区域；将生态保护重要性等级较高（Ⅳ级）、中等（Ⅲ级）、较低（Ⅱ级）的空间单元，作为生态保护重要区的备选区域；将生态保护重要性等级低（Ⅰ级）的空间单元，直接划定为生态保护一般区。

（3）评价结果。安州区生态保护重要性评价区域为全域土地。经评价，生态保护极重要区主要分布在安州区西北部，包括高川乡、千佛镇及睢水镇，此区域涉及大熊猫国家公园、海绵生物礁自然保护区、生物礁国家地质公园等，面积占安州区土地总面积的 84.65%。

2. 区域生态空间保护规划

应贯彻节约资源和保护环境的基本国策，坚定不移地走生态优先、绿色发展道路，协同推进经济高质量发展和生态环境高水平保护，更好地满足人民群众日益增长的对优美生态环境的需要。

区域生态空间保护规划的具体目标如下。①按照生态文明建设要求，落实新的发展理念和以人民为中心的发展思想，坚守生态安全底线。②构建长江上游生态屏障，严守生态保护红线、环境质量底线、资源利用上限和环境准入负面清单制度，加大生态系统保护与修复力度，扩大森林、湖泊、湿地面积，提高森林覆盖率。③继续实施退耕还林、天然林资源保护、野生动植物资源保护和城乡绿化工程，启动生态廊道建设。④加大水土流失治理力度，实行严格的水资源管理制度，以江、河、湖、库治理和生态修复为着力点，大力推进水生态文明建设。⑤严格执行入河排污口设置审批制度，加强重要饮用水水源地保护，大力推进河、湖水生态保护与修复，保障河道生态基流。⑥强化农田生态保护，加大退化、污染、损毁农田的改良和修复力度，加强耕地质量调查监测与评价。⑦加大自然保护区建设管理力度，对重要生态系统和物种资源实施强制性保护，保护珍稀濒危野生动植物、古树名木及自然生境。

安州区地貌以中低山为主，在水土流失防治方面应以预防和治理并重。在坡耕地分布集中、耕地质量较好的地区，应大力实施坡耕地治理和坡面水系配套建设，加强对耕地和基本农田的建设和保护，防治水土流失，保障粮食安全。在坡耕地分布较为零散、交通不便的地区，应着力加大水土流失防治力度。在资源开发和工业项目集中布局区，应加大水土保持监督管理力度，遏制由人为因素造成的水土流失。

北部生态保育区应重点开发山地娱乐与温泉康养产业，禁止在茶坪河及睢水河上游地区布局污染产业，腾退农业加工、机械加工、化工产业等；除必要的特殊建设用地外，原有的建设用地不得改扩建；现代农业应以种植业为主，禁止占用湿地、天然林地种植中药材，以及在未修建梯田或未采取其他水土保持措施的坡度在 20°以上的坡地开垦种植。

安州区重点生态保护区位置图如图 6-15 所示。

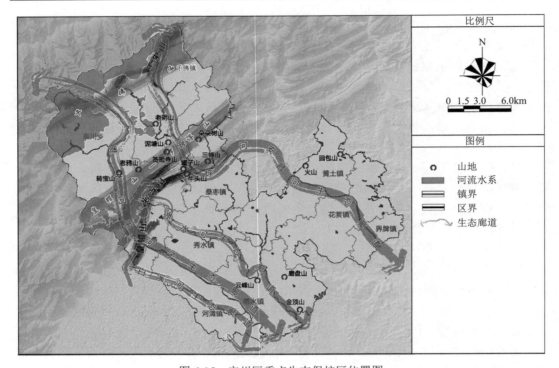

图 6-15　安州区重点生态保护区位置图

来源：《安州区全域统筹及镇（乡）国土空间总体规划（2020～2035 年）》。

3. 北部生态保育区生态空间保护策略

1）加强山水资源保护

北部生态保育区有千佛山、皇帽山、罗浮山和两条重要河流茶坪河、睢水河。该区域的生态空间保护策略如下。①保护千佛山、皇帽山、罗浮山等区域的林地，最大限度地发挥森林的水源涵养、水土保持功能。②对重点公益林实行严格的保护，禁止人为干扰和开展一切生产经营活动，对一般公益林实施局部封禁管护，以改善林分质量和森林健康状况，除必需的工程建设可以占用征收林地外，不得以其他任何方式改变林地用途。③对于重点商品林，严格控制其征收占用，实行集约经营、定向培育；对于一般商品林，推行集约经营、农林复合经营，在法律允许的范围内合理安排各类生产活动，最大限度地挖掘林地生产潜力。④修复河流生态系统，提升茶坪河、睢水河等河流的水质，对于流域内生态良好的区域，以自然恢复和保护为主，对于生态受损严重的河段，开展水生态系统修复，以促进水生态系统良性循环。

2）加强自然保护区保护体系建设

重点保护省级自然保护区以及国家级自然保护区 3 处，即大熊猫国家公园、安州生物礁国家地质公园、云湖国家森林公园；地方级自然保护区 1 处，即安州海绵生物礁自然保护区。

（1）大熊猫国家公园管控要求：保护自然生态系统和大熊猫等重要物种及其栖息地，加强低效林改造、迹地修复和生态廊道建设，维护生物多样性；加强地质灾害防治和水土流失治理，禁止矿产资源开发活动和围湖填湖、采砂等破坏河湖岸线的活动；位于生态红线内的工矿项目应依法依规清退矿权，规范整治采砂场。

（2）安州生物礁国家地质公园管控要求：以保护世界罕见的海绵礁古生物遗迹和砾岩岩溶地貌为主，加强对区域内山体崩塌、滑坡、泥石流等主要地质灾害的防治和水土流失治理。

（3）安州海绵生物礁自然保护区管控要求：保护以睢水河深水硅质海绵礁为主的古生物化石和化石遗址，主要包括地表出露的睡美人礁、何家沟礁、雍家山礁、罐子滩礁、睢水河礁、太平礁、虎头岩礁、鱼洞山 1 号礁、鱼洞山 2 号礁、石厂沟 1 号礁、石厂沟 2 号礁、石厂沟 3 号礁 12 个海绵礁体以及海绵礁的礁基带、礁核带、礁翼带、礁顶部-帽岩带、礁盖层带、礁间沉积带等的地层剖面，最大限度地保护区域内的古生物化石不受破坏，加强对森林植被、珍稀野生动植物及其栖息地的保护，维护生物多样性。

6.3.3　平武县水土保持与生态修复区乡村生态空间规划实践

1. 平武县桅杆村生态空间规划

桅杆村位于平武县平通羌族乡东南部，是平武县的南大门，地处清漪江流域，山水风光优美，森林、水系、野生动物资源丰富。

该区域有重要生态功能区和生态敏感区，可通过划定生态廊道等方法，构建完整、连续、网络化的生态系统，并依据地形地貌、气候、植被等自然条件以及生态保护重要性评价结果规划生态空间。桅杆村生态空间规划图如图 6-16 所示。

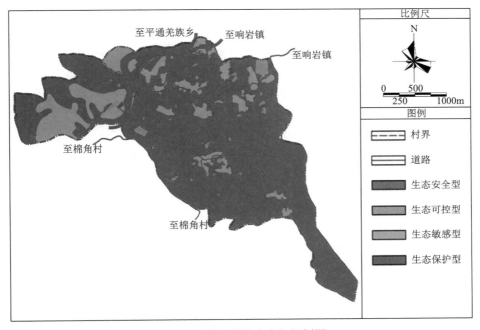

图 6-16　桅杆村生态空间规划图

来源：《绵阳市平武县平通羌族乡桅杆村村规划（2021～2035 年）》。

2. 平武县坝子村生态空间规划

坝子村地处平武县东南部，与江油关镇、平通羌族乡、古城镇、高村乡为邻，位于龙门山断裂带，地势陡峭，地形以河谷和山地为主。坝子村功能分区图如图 6-17 所示。

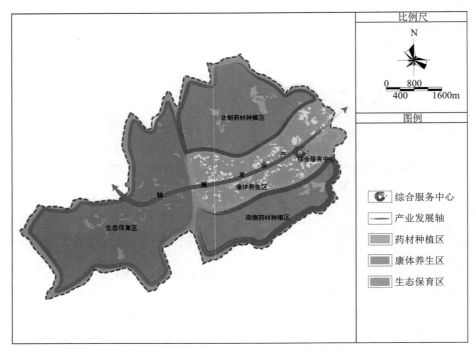

图 6-17　坝子村功能分区图

来源：《绵阳市平武县锁江羌族乡坝子村村规划（2021～2035 年）》。

（1）生态保护空间。该区域以重要生态功能区和生态敏感区为主，主要包括林、草、河等生态本底较优的地类。依据自然条件及生态保护重要性评价结果规划生态空间，规划内容如下。①各村小组实行"组长制"，加强对自然水系、水库、鱼塘的水质管护及水质监测。②建设污水处理设施，禁止乱排污水。③加快推进分散式供水设施建设，改善饮用水品质，确保群众饮水安全。④推进水源地、湖库周围和消落带、河渠沿线的绿化，通过水体修复技术提升水体质量。⑤按照生态宜居的要求，对村庄环境进行生态修复，以达到村庄环境优美的效果。⑥加强对现有林地和自然山体的保护，禁止乱砍滥伐，选取适宜的树种，以交错美观的块状混交模式在原有植被基础上营造特色风景林。⑦充分利用当地的原生态材料，结合产业分布及文化景观打造生态绿道。

（2）生态用地用途管制。生态用地是指具有自然属性和生态服务功能的各类用地，包括公益林、湿地、其他自然保留地、陆地水域等，总面积 3.92km²。其用途管制措施如下：①严格控制各类开发利用活动对生态用地的占用和干扰，确保依法保护的生态空间面积不减小，生态系统服务能力逐渐提高；禁止新增建设项目占用生态用地，确实需要占用生态用地的国家重大基础设施、重大民生保障项目，须进行严格审核，经论证对环境没有负面影响且不会降低生态系统服务功能后，方可准入。②严禁开展破坏生态系统服务功能的各类开发活动，禁止随意改变生态用地用途，严格禁止任何单位和个人擅自占用生态用地，鼓励按照规划开展维护、修复和提升生态系统服务功能的活动。③有序引导生态用地用途的转变，鼓励其向有利于生态系统服务功能提升的方向转变，严格禁止其向不符合生态保护要求或有损生态系统服务功能的方向转变。

（3）生态空间承载能力评价。生态空间承载能力评价主要是指评价生态系统服务功能重要性、生态敏感性和水土流失风险性。①生态系统服务功能重要性评价。生态系统服务功能重要性评价基于国土调查数据结果、卫星遥感影像和基础性地理监测数据，根据地表不同覆盖类型判定现状生态重要性和生态保护。②生态敏感性评价。村域内主要的生态载体为清漪江，根据水体的生态保护重要性和生态敏感性，按照 20m 以下、20～50m、50～100m 及 100m 以上，将生态敏感因子划分为四级。③水土流失风险性评价。与水土流失风险有关的主要因子为坡度和土壤质地。将生态系统服务功能重要性、生态敏感性和水土流失风险性单因子评价结果叠加，并通过已划定的林地资源进行权重修正，可得到村域生态空间承载能力评价结果。平武县锁江羌族乡坝子村生态空间承载能力评价图如图 6-18 所示。

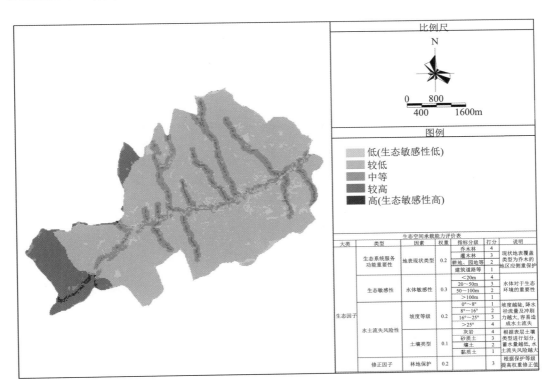

图 6-18　平武县锁江羌族乡坝子村生态空间承载能力评价图

来源：《绵阳市平武县锁江羌族乡坝子村村规划（2021～2035 年）》。

参 考 文 献

安启龙, 2013. 黑水河流域电力生产创新模式的探索[J]. 四川水力发电, 32 (3)：92-94.

陈汉文, 周亚杰, 2013. 污染土壤的植物性修复研究进展[J]. 河南科技 (20)：194.

陈兴茹, 2011. 国内外河流生态修复相关研究进展[J]. 水生态学杂志, 32 (5)：122-128.

陈学民, 2011. 环境评价概论[M]. 北京：化学工业出版社.

邓东周, 王朱涛, 蒙嘉文, 等, 2010. 川西北地区土地沙化成因探讨及对策建议[J]. 四川林业科技, 31 (3)：83-88.

杜青峰, 2018. 生态小镇规划实践研究：以绵阳市游仙区街子镇为例[D]. 绵阳：绵阳师范学院.

高海东, 李占斌, 李鹏, 等, 2015. 基于土壤侵蚀控制度的黄土高原水土流失治理潜力研究[J]. 地理学报, 70 (9)：
　　1503-1515.

高甲荣, 齐实, 2012. 生态环境建设规划[M]. 北京：中国林业出版社.

韩勤, 赵岭, 刘新宇, 等, 2010. 松嫩平原湿地退化特征及平原内陆盐碱类型湿地的恢复[J]. 防护林科技 (6)：80-82.

赫子皓, 2017. 川西北高地应力集中规律及其与地质灾害关联性研究[D]. 成都：成都理工大学.

胡宏祥, 邹长明, 2013. 环境土壤学[M]. 合肥：合肥工业大学出版社.

李英杰, 胡小贞, 金相灿, 等, 2010. 清洁底泥吹填技术及其在滇池福保湾的应用[J]. 水处理技术, 36 (3)：123-127.

刘传德, 王强, 于波, 等, 2008. 农田土壤重金属污染的特点和治理对策[J]. 农技服务 (7)：118-119.

卢红伟, 李嘉, 李永, 2013. 中型山区河流水电站下游的鱼类生态需水量计算[J]. 水利学报, 44 (5)：505-514.

马克明, 傅伯杰, 黎晓亚, 等, 2004. 区域生态安全格局：概念与理论基础[J]. 生态学报 (4)：761-768.

彭雷, 2015. 绵阳市街子乡生态文明示范镇规划研究[D]. 绵阳：西南科技大学.

任海, 王俊, 陆宏芳, 2014. 恢复生态学的理论与研究进展[J]. 生态学报, 34 (15)：4117-4124.

王宏伟, 张小雷, 乔木, 等, 2008. 基于GIS的伊犁河流域生态环境质量评价与动态分析[J]. 干旱区地理 (2)：215-221.

吴小平, 2004. 区域生态环境保护规划研究：以自贡市为例[D]. 重庆：重庆师范大学.

章家恩, 徐琪, 1999. 退化生态系统的诊断特征及其评价指标体系[J]. 长江流域资源与环境 (2)：215-220.

赵景联, 2006. 环境修复原理与技术[M]. 北京：化学工业出版社.

钟成华, 2013. 水体污染原位修复技术导论[M]. 北京：科学出版社.

周群英, 王士芬, 2008. 环境工程生物学[M]. 北京：高等教育出版社.

Zhu T X, 2012. Gully and tunnel erosion in the hilly Loess Plateau region, China[J]. Geomorphology, 153-154：144-155.

第7章 生态乡村的农业空间规划

7.1 耕地与基本农田保护规划

耕地是人类食物的重要生产基地,是我国最为宝贵的资源,是农村发展和农业现代化的根基和命脉,也是国家粮食安全的基石,关系到未来中华民族的生存与发展。应按照划定的耕地保护范围和永久基本农田保护红线,进一步明确保护要求和管控措施。对于调查中发现的永久基本农田图斑内存在的非农建设用地或者其他零星农用地,应在村规划中优先整理(邱少楠,2010)和复垦为耕地,并划定为永久基本农田储备用地。

7.1.1 基本概念

耕地是指主要用于种植小麦、水稻、玉米、蔬菜等农作物并经常进行耕耘的土地,可分为灌溉水田、望天田、水浇地、旱地及菜地五种。而基本农田是指按照一定时期内人口和社会经济发展对农产品的需求,依据土地利用总体规划确定的不得占用的耕地,包括经国务院有关部门或者县级以上人民政府批准确定的粮、棉、油生产基地内的耕地(王万茂,2008),有良好的水利与水土保持设施的耕地,正在实施改造计划以及可以改造的中、低产田,以及蔬菜生产基地、农业科研教学试验田和国务院有关部门规定的应划入基本农田保护区的其他耕地(赵贺,2004)。基本农田是耕地的一部分,永久基本农田意味着对基本农田实行永久性保护,即无论在什么情况下都不能改变其用途,也不得以任何方式挪作他用(吴俊晓,2019)。另外,耕地属于土地资源学范畴,是土地的一种利用方式,并不具体反映人地关系;而基本农田属于人口生态学范畴,反映了人地关系(王万茂,2008)。同时耕地的范围比基本农田大,基本农田主要是指高产优质的耕地,并不是所有耕地都是基本农田。一般而言,只有被划入基本农田保护范围的耕地才是基本农田(马胜利,2010)。

7.1.2 存在的问题

1. 耕地和永久基本农田保护驱动力不足,缺乏有效的保护激励机制

当前耕地和永久基本农田的保护工作依赖于行政和法律手段,由于缺乏资金支持,存在保护驱动力不足的问题。

2. 耕地保护意识薄弱,存在违法违规行为

目前,仍存在未严格按照土地利用总体规划确定的用途利用土地的情况,如建设

占用和非建设占用耕地等。这与农户保护耕地和永久基本农田的意识有关，农户容易因受到经济利益驱使，在自有耕地或永久基本农田上种植经济林木或进行违法建设等。

3. 耕地保护政策还需完善

目前，《中华人民共和国土地管理法》（2020 年版）只强调了对耕地和永久基本农田的保护。《中华人民共和国土地管理法》（2020 年版）第三十七条规定，禁止占用永久基本农田发展林果业和挖塘养鱼，但对违法行为没有细化具体惩处措施，致使很难对违法行为实施有效的管理。

7.1.3　耕地组织形式

耕地组织形式是指实施作物种植结构和作物轮作制度的耕地利用方式。目前我国耕地组织形式有两种，即轮作田区组织形式（固定轮作或分区轮作）和耕作田块组织形式（单田轮作）。轮作田区组织形式是指为了落实作物布局和种植结构，将耕地按照轮作周期的年限划分成若干个面积基本相等、肥沃度接近的轮作田区。而轮作田区是作物轮换种植的基本单元，可在轮作田区之间按照一定的顺序，并根据一定的时间和空间轮换种植作物。耕作田块组织形式是指在同一块耕地上按时间先后顺序安排作物的轮换种植次序，各田块之间不存在作物的轮换关系。这种耕地组织形式对田块面积没有特定的要求，很符合当前农户的经营特点。耕作田块是最基本的耕作和管理单元，它的规模、长度、宽度、朝向、形状等直接影响田间灌排渠系、田间道路、护田林带等的作用及机耕效率（王万茂，2008）。

7.1.4　基本农田保护规划

为了满足国民经济持续稳定发展的需要，以及保证一定规划期内增长的人口对农产品的基本需求，必须保护基本农田。

我国基本农田保护的主要方式是划定保护区，县级土地利用总体规划要划定基本农田保护区，乡级规划要落实到地块。同时，基本农田要贯彻全面规划、合理利用、用养结合、严格保护的方针，其保护规划在基本农田管理中占据着重要地位，是基本农田分区规划的基础与前提条件。因此，应科学合理地编制基本农田保护规划，这是区域切实有效地保护基本农田的关键，同时也是实现区域农业可持续发展的必要手段。

1. 规划目标

基本农田保护的指导思想：认真贯彻"珍惜、合理利用土地和切实保护耕地"的基本国策；对基本农田实行特殊保护，保证基本农田数量长期稳定，质量逐步提高。

基本农田保护规划以实现基本农田的合理有效保护为根本目标，具体的目标为：合理确定基本农田面积，实施严格的数量保护，即根据区域人口及农业生产状况，预测未来人口增长与社会经济可持续发展所需的基本农田数量，同时根据土地利用总体规划确定的耕地面积以及基本农田保护指标，合理确定区域内实际应保护的基本农田数量，并确保该数量只增加不减少；科学进行基本农田布局，保证基本农田质量达到要求。在基本农田布局中，应将质量状况或区位条件较好的耕地优先划为基本农田，并将《中华人民共和国基本农田保护条例》（2011 年修订版）规定的几类特殊耕地也划为基本农田。

2. 规划原则

（1）切实保护基本农田的原则。应切实保护基本农田，以满足国家社会经济发展对基本农田的需求。

（2）综合协调的原则。基本农田保护区的划定应以土地利用总体规划为依据，在对区域内各类用地进行综合协调和统筹安排的基础上，使非农业建设用地与农业用地得到合理配置。

（3）"双轨"并行的原则。基本农田保护区的划定必须遵循由上而下和由下而上相结合的"双轨"并行原则，其中基本农田保护指标按省—市—县（市）—乡（镇）逐级下达，并以乡（镇）级行政区为基本核定单位。基本农田保护规划须经上一级人民政府审核后，提请同级人民代表大会常务委员会审议通过，并报省级人民政府备案。基本农田保护区的保护与管理实行由下而上逐级负责的方法，逐级签订基本农田保护责任书。

（4）区划完整的原则。为了便于进行基本农田保护区的划定、建档和管理，完善土地管理体系，基本农田保护区的划定不宜打破村界（张占录和张正峰，2006）。

3. 规划依据

基本农田保护规划的依据包括：①《中华人民共和国土地管理法》（2019 年修正版），2020 年 1 月 1 日起施行；②《中华人民共和国基本农田保护条例》（2011 年修订版），2011 年 1 月 8 日颁布；③《中华人民共和国土地管理法实施条例》（2021 年修订版），2021 年 9 月 1 日颁布；④其他相关法律法规。

7.2　土地整治与土壤修复规划

土地整治与土壤修复规划是指根据当地土地整治和土壤修复中存在的问题，合理制定农用地整理、农村建设用地整理、土地复垦、未利用地开发、土地生态修复方案等，引导聚合各类涉地涉农资金，发挥土地整治作用（牟晓磊，2018）。

7.2.1　土地整治规划

土地整治规划是指在一定区域内，依据土地利用总体规划布局、城镇发展总体规划方针、土地专项整治要求安排土地使用，通过对田地、水体、道路、森林、村落开展综合治理发展经济，对资源配置不规范、资源利用率低下，以及资源空闲、分散或未能被完全充分利用的地区进行合理规划布局，以达到提高土地资源利用率和生产效率，有效改善生产与生活的条件，进一步提升居住环境水平的目的。土地整治规划实质为合理组织利用土地资源，提高土地资源利用率。其中，土地整理、土地复垦和土地开发是土地整治的三个重要方向。

　　我国土地整治项目主要集中在田、水、路、林、村等领域，乡村建设中很多方面都涉及土地的开发与整理。在农业生产中合理地对农田进行整理规划，并加强农业基础设施建设，能够有效改善农业生产的条件。

　　土地整治能提高土地利用率，整治不合理利用、未利用、低效利用以及自然灾害损毁的土地。经过整治的土地产能有极大的提高，还可以强化集约用地（陶泽良，2015），在一定程度上提高耕地总量。在我国乡村建设中，将乡村发展与土地整治有机融合，是有效保护农业耕地与自然资源、统筹规划城乡土地配置的重要措施。

　　1. 土地整理规划

　　"土地整理"这一概念最早出现在德国、法国和俄罗斯等欧洲国家，而我国土地整理的历史最早可以追溯到公元前 1066 年西周时期的井田制度（王万茂，2008）。

　　土地整理是为了实现土地资源有限性与土地需求无限性之间的平衡而衍生出来的一类土地整治活动（周健华，2016），而土地整理规划是为了收集土地整理资料、确认土地现状、明确土地整理指标和确定土地利用布局而做出的规划和计划（刘硕，2016）。

　　1）土地整理规划的依据

　　有关土地整理利用的法律法规、各级人民政府制定的有关土地整理利用的政策和措施、当地国民经济和社会发展规划、土地整理潜力调查分析资料、国民经济统计资料等。

　　2）土地整理规划的原则

　　依法整理原则、规划控制原则、协调性原则、公众参与原则、时序性原则等。

　　3）土地整理规划的内容

　　分析土地整理、复垦和开发的现状、存在的问题及潜力；确定土地整理、复垦和开发的目标、任务、规模、布局、项目等；分析评价土地开发整理的预期投资和效益；提出实施规划时的保障措施（曹晨晓等，2008）。

　　（1）农用地整理。将现行生产条件下使用率较低且分布较分散的永久基本农田旁的土地，通过合理开发、规划整理复垦为耕地。合理规划后的耕地可作为基本农田以及后期可进行优化的备用土地资源。经过整理后耕地中达到永久基本农田标准的农用地，应及时划入农田储备区统一管理。

　　（2）农村建设用地整理。将不予保留的各类破旧、闲置、散乱、利用低效、废弃的农村建筑或建设用地规划为非建设用地，并根据土地适宜性和周边土地利用情况，合理确定其用途。适合复垦为耕地的，要优先复垦为耕地；周边主要为园地、林地的拆旧地块，以及地块破碎、坡度较陡、不宜耕作的土地，应相应修复为园地、林地等。村内建设用地中的零星拆旧地块原则上留作公共空间，以提高居住环境和公共服务水平。

　　（3）未利用地开发。荒地、盐碱地、沙地等地块，应结合流域水土治理、农村生态建设与环境保护、滩涂及岸线资源保护等，因地制宜地确定其用途和管控措施。

　　土地整理规划的实例如图 7-1 所示。

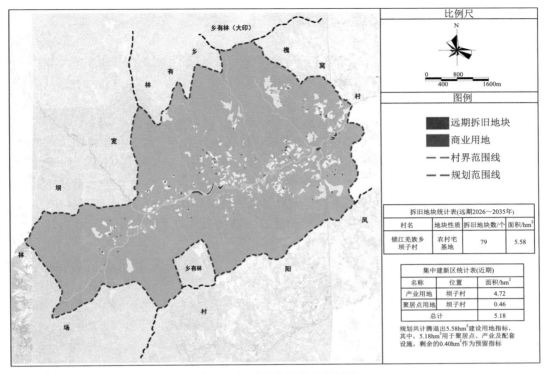

比例尺

N

| 0 | 800 | 1600m |

400

图例

■　远期拆旧地块
■　商业用地
- - -　村界范围线
— —　规划范围线

拆旧地块统计表(远期2026~2035年)			
村名	地块性质	拆旧地块数/个	面积/hm²
锁江羌族乡坝子村	农村宅基地	79	5.58

集中建新区统计表(近期)		
名称	位置	面积/hm²
产业用地	坝子村	4.72
聚居点用地	坝子村	0.46
总计		5.18

规划共计腾出5.58hm²建设用地指标,其中,5.18hm²用于聚居点、产业及配套设施,剩余的0.40hm²作为预留指标

图 7-1　坝子村土地整理规划图

来源:《四川省绵阳市平武县锁江羌族乡坝子村村规划(2021~2035 年)》。

2. 土地复垦规划

土地复垦规划是指在生产建设过程中,对由挖掘、坍塌、压占等造成破坏的土地采取整治措施的规划。土地复垦规划的设计与实施流程是制定可行性研究报告—设计任务书—经有关部门批准—制定土地复垦规划—设计复垦工程—实施规划设计(王万茂和王群,2010)。

1)土地复垦规划的依据

有关土地复垦利用的法律、法规,包括《中华人民共和国土地管理法》(2020 年版)、《土地复垦条例》(2011 年版)、《中华人民共和国矿产资源法》(2009 年修正版)、《中华人民共和国环境保护法》(2015 年版);国务院有关部门及地方人民政府制定的有关土地复垦利用的政策措施;当地国民经济和社会发展规划、土地利用总体规划以及工矿企业的生产建设计划;待复垦土地资源调查、评价结果以及其他为编制土地复垦规划设置的专项研究的成果;国民经济统计资料等(刘双良,2011)。

2)土地复垦规划的原则

(1)因地制宜,从实际情况出发。根据当地的生产习惯以及生态环境的影响因素,以"宜农则农,宜林则林,宜牧则牧,宜建则建"为原则,科学合理地规划安排并根据不同的土地用途与土地复垦目的开展土地复垦工作。

(2)在规划利用中,坚持个人利益服从集体利益,短期发展利益服从长期发展利益。

（3）在生产建设中抓好土地修复与整理工作，制定符合实际情况的计划，逐步开展土地修复与整理工作。

（4）基于土地利用总体规划布局，指导开展土地复垦工作。在此期间协调土地利用总体规划与城镇发展规划，使地区建设布局高效合理。

3）土地复垦规划的内容

（1）复垦区土地现状调查。调查的内容主要有：区域地表特征，即地形、地貌、水文、植被等；环境因素，即气候、气象和城镇、居民区分布等（杨木壮和林媚珍，2014）；地表地层的理化性质，即厚度、有机质含量、pH、盐渍度、土壤水分状况、渗透性、微量元素含量、会抑制植物生长的有毒有害物质的含量等；矿床开采方法，废石及尾矿的堆放方法，废弃地状况及复垦可能性（王万茂和王群，2010）；复垦后的土地种植及综合利用途径、复垦周期与经济效益，工矿企业的经营状况及对土地复垦的投资能力，现有设备及其在复垦方面的通用性等（杨志琴，2012）。

（2）复垦土地预测。对于矿山开采等活动造成土地被挖废、压占或土地塌陷等，要进行复垦预测，可以分阶段地做近期、中期或远期预测。

（3）待复垦土地适宜性评价。对待复垦土地进行适宜性评价，目的是通过评价来确定土地复垦后的用途，以便合理安排复垦工程措施和生物措施（董祚继，2002），可采用因素限制法和相关因素分析法进行评价。因素限制法的原理同常规的土地评价方法一样，即根据当地的实际情况和土地复垦后的不同用途，选择地形、土壤质地、土层厚度、地下水水位、地面堆积物、塌陷深度等因子进行评价。相关因素分析法是指根据废弃土地的自身条件（即性质、堆积物数量、塌陷程度、压占面积等）和工矿企业的经济能力、拟采用的复垦方法、复垦后期望的状态（包括平整度、坡度、复土厚度、复土性质等）以及客观需求（社会经济和生态方面）等进行综合分析评价，以确定废弃土地复垦后的用途（杨志琴，2012）。

（4）确定复垦方案。在对复垦区的土地利用状况与环境状况进行调查、对待复垦土地进行预测及适宜性评价的基础上，确定复垦的对象及其范围、面积，复垦土地的利用目标与方向，以及复垦的具体方案及工艺特征等（董祚继和吴运娟，2009）。

（5）土地复垦工程设计。土地复垦工程设计应与矿山开采设计及生产建设协调进行，内容包括：复垦区的划分与平面布置，合理确定填挖范围；确定表土堆积场、废弃物充填区、采运路线（吴次芳，2000）和复垦后不同用途的界限等；表土与底土的剥离及储存；废弃岩石的合理排弃与采空区的回填、平整。

（6）确定土地复垦主要技术经济指标。按复垦土地用途，主要技术经济指标可分为复垦利用的面积、复垦率、主要工程量、工程总投资和单位面积复垦费用、人员定额、设备类型与数量、年收益预测值（杨木壮和林媚珍，2014）。

（7）整理成果。编写土地复垦规划及技术报告和土地复垦规划图。

3. 土地开发规划

土地开发规划是指对工程、生物和技术措施等进行规划，目的是使各种未利用的土地资源（如荒山、荒地、荒滩等）投入经营与利用，或使土地由一种利用状态转变为另一种利用状态，如将低效利用的建设用地或农用地开发为高效利用的城市建设用地（杨木壮和林媚珍，2014）。

1）土地开发规划的依据

有关土地开发利用的法律、法规，如《中华人民共和国土地管理法》（2020 年版）、《中华人民共和国环境保护法》（2015 年版）、《中华人民共和国城乡规划法》（2019 年修正版）；当地国民经济和社会发展规（计）划；土地利用总体规划以及农业区域开发规划；待开发土地资源调查资料以及为土地开发设置的专项研究的成果；国民经济统计资料等。

2）土地开发规划的原则

（1）切实符合土地利用总体规划布局的原则。土地开发在土地利用中占有重要比重，必须基于总体规划进行土地开发与利用。

（2）生态优化原则。将自然生态系统转化为人工生态系统的过程即为土地开发的实质。土地开发的目的是创造更好的生活环境，在土地开发中既要保护好原有的生态环境，也要进一步提高生态环境的质量，严禁在生态环境承受能力差的区域开展土地开发工作。

（3）最佳利用原则。在开发能力许可的条件下，以最小的投入获得最大的产出，同时尽可能地挖掘土地潜力和发挥土地利用优势。

（4）可行性原则。开发规划必须在开发目标、开发规模、开发利用方向等方面进行可行性论证，保证规划在经济、技术和生态方面可行。

4. 水土流失整治规划

水力、重力、风力等诸多外力的作用，会对自然环境中的水土资源和土地生产力造成破坏，而土地表层遭受侵蚀和水土损失等现象即称为水土流失。在没有人为因素干扰的自然环境中，单纯的自然因素导致的地表侵蚀很不明显且极为缓慢，该类侵蚀称为自然侵蚀，也可称为地质侵蚀。但在人类的生产生活影响下，地表侵蚀的速度大大加快，从而导致水土流失的发生。

我国是世界上水土流失情况较为严重的国家之一，由于我国所特有的自然地理条件以及社会经济状况，水土流失成为我国主要的环境问题之一，我国的水土流失具有分布范围较广、涉及的土地面积较大的特点。目前，大规模开发建设导致的水土流失问题十分突出。据《2015 年中国环境状况公报》，我国的水土流失总面积达 356 万 km^2，占国土总面积的 37%，其中水力作用导致的水土流失面积为 165 万 km^2，风力作用导致的水土流失面积为 191 万 km^2。

水土保持措施是指，对自然因素或人为活动造成的水土流失所采取的预防和治理措施。水土保持措施主要有工程措施、植物措施、耕作措施（刘双良，2011）。

（1）工程措施。应用工程原理，以有效防止水土流失和保护、改良并合理利用水土资源为目的的措施。

（2）植物措施。在水土流失情况严重的地区，为有效缓解水土流失造成的影响，并保护、改良和合理利用水土资源而采取的植树造林、种草，以及封禁保育等措施。

（3）耕作措施。在遭受水力或者风力侵蚀的田地中，采用地形微改变，提高地面覆盖率以及土地对外界侵蚀力的抗性，从而达到保水、保肥、保土的目的，以及改良土壤的性质、提高农作物产量的措施。

7.2.2　土壤修复规划

土壤修复，即采用物理、化学或生物的方法固定、转移、吸收、降解或转化地块土壤中的污染物，使其含量降低到可接受的水平，或将有毒有害的污染物转化为无害物质。

对于生产建设活动和自然灾害损毁的土地，应按照适宜性原则确定土地用途。对于水土流失、土地沙化、土地盐碱化、土壤污染严重以及土地生态系统服务功能衰退和生物多样性降低的区域，应提出具体的修复措施。

7.3　农业空间产业规划

农业空间是以农业生产、农村生活为主体的功能空间，是与生态空间和城镇空间并列的空间类型。在城镇化快速发展的趋势下，农民、农业、农村都发生了深刻改变，并且三者之间相互联系与影响，这就要求农业空间必须具有动态性、复杂性和系统性的特征，以满足社会发展的需求。

在生态空间与城镇空间之间起过渡作用的是农业空间，农业空间既有保护作用，也提供发展空间。农业空间除了在农业生产、农村生活中起主导作用外，还具有维护生态与服务城镇的功能。农业空间的高效发展对于整个国土空间的发展具有极大的助力作用，而合理规划和统筹管理农业空间的发展也是国土空间规划中的重要内容。

在乡村产业规划中，应推进创新发展，积极开展乡村新农业和新兴产业建设，完善农村产业链；利用新兴科技成果进行农业建设，将新型的科学管理模式引入乡村，增加现代科技的使用率，改善农村的生产模式，促进研发农业新产品，开拓新兴市场，扩展乡村产业的领域；重点关注和支持来农村创业的人员，提高农村居民的就业率和经济收入，改善农村居民生活水平；因地制宜地发展特色乡村文化产业，推进乡村文化的传承与创新，促进乡村建设的全面发展（郝霄京和郑华萍，2020）。为此，国家提出了乡村振兴战略。四川省也实施了十大行动：产业基地建设行动、农产品加工壮大行动、"川字号"知名品牌创建行动、农业清洁生产行动、科技创新引领行动、农业供给新业态发展行动、新型职业农民教育创业行动、经营和服务主体培育行动、山水林田湖保护发展行动、民族地区产业脱贫行动。这些都是生态乡村农业产业规划的重要依据。

7.3.1　种植业产业规划

种植业产业规划应适应当地自然环境和社会经济条件，提高农业生产力和促进村民增收。我国是农业大国，首先应通过政策宣传、效益引导、优惠扶持、流转服务、技术培训等方式，优化调整乡村种植业结构，促进水稻产业发展；其次，应发掘区域特色，扶持地方特产；最后，应全面和系统地发展种植业，将种植业从农业产业转变成旅游产业，在乡村旅游中融入具有生态乡村特色的种植文化体验。例如，山西省就通过把葫芦种植和加工融为一体，发挥了种植业的文化创意（郝霄京和郑华萍，2020）。

7.3.2　养殖业产业规划

养殖业产业规划的内容：①注重地域特色，围绕生猪、家禽养殖产业等进行科学规划和布局，创办示范点，确定具体目标和任务，制定奖惩制度，推动养殖业发展。②重点发展各类专业化和规模化养殖。③提供优质服务，做好技术、资金支撑。④强化安全监管：一是加强防疫，建立完善的动物防疫长效机制，稳定基层动物防疫队伍，严格执行防疫操作规程，提高防疫质量；二是加强检疫，巩固屠宰检疫，全面开展产地检疫，屠宰检疫率、产地检疫率须达到100%；三是加强投入品管理，严查各种销售违禁药品的行为，维护养殖户的利益，保障人民群众身体健康和乡村环境安全。

7.3.3　循环农业产业规划

循环农业是指把农业废弃物（如禽畜粪便、作物秸秆、生活垃圾等）通过一定方式转变为农业生产所需的原料，以减少农业废弃物的产生，实现资源的循环利用，使农业资源得到最优化的配置（刘思华和黄国勤，2012）。

进行循环农业产业规划，可以利用现有的自然景观和农业资源优势，以循环农业产业模式为核心，以沼气工程为纽带，以有机农作物、有机果蔬、食用菌、禽畜饲养产业等为农业生产主导产业，生产具有当地特色的有机农产品，发展种养相结合的农业模式，并且配套发展农业休闲观光旅游业，使经济与生态效益最大化。

循环农业产业模式可分为沼气综合利用模式、林下立体种养模式、池塘牧渔农业模式、产业链体系建设模式。①沼气综合利用模式：遵循"种—养—沼—肥"的农业生产方式，以沼气为核心实现种养结合，果蔬种植和生态养殖相互促进、互惠互利，养殖区的畜禽粪便可以作为肥料用于农作物的灌溉，果蔬残叶等可以用于饲养畜禽；同时畜禽粪便还可以用于沼气发酵，生产沼液、沼渣，并作为有机肥料用于农作物生产，从而形成良性生态循环。②林下立体种养模式：在林下种草并就地放养鸡、鸭、鹅等家禽，菌草类可作为有机饲料，而家禽通过捕食菌草上的害虫，可以促进菌草的良好生长，同时家禽的粪便还可以作为肥料还田，从而提高资源利用率和能量转化率。③池塘牧渔农业模式：在池塘中放入鱼苗，并在池塘水面划分出一定区域围养鸭、鹅，鱼塘为鸭、鹅提供了天然的活动场所，而鸭、鹅的粪便可以作为鱼类饲料直接排入鱼塘中，同时鸭、鹅还可以捕食鱼塘中的浮游生物，在一定程度上净化水体。除此之外，鸭、鹅的日常活动还可以增加水体中的溶解氧，改善鱼塘内的水体环境，从而提高鱼类品质，形成一个良性的生态系统。④产业链体系建设模式：在产业园内积极发展农副产品加工业，打造农副产品物流市场，充分发挥农产品的流通价值，加大自主农产品品牌开发力度。除此之外，通过完善配套设施建设，大力发展农业休闲观光旅游业，从而延长农业产业链（孙雷，2010）。

7.4　川西北典型生态乡村的农业空间规划实践

7.4.1　绵阳市涪城区南部生态乡村农业空间规划实践

　　绵阳市是成德绵经济通道上的重要节点。涪城区位于绵阳市主城区，地理位置优越，地处亚热带季风气候区，气候温和，雨水充沛，四季分明，冬暖春早，无霜期长；丘体低矮，起伏不大，地质条件较好；紧邻涪江，水源充足；土壤多为潮土、黄壤及紫色土，养分充足，宜种性和保水保肥能力强；耕地广阔，适合规模化种植；农业资源丰富，适合发展蚕桑产业。因此，涪城区南部建设了蚕桑现代农业园区，其优越的区位条件和良好的自然环境是园区发展的重要优势。

　　蚕桑养殖作为我国的非物质文化遗产，不仅有着悠久的历史，而且还有深厚的文化底蕴和专业的技术传承。通过对蚕桑现代农业园区的建设，可沿袭历史文化，整合现有的资源，传承文化和技术，实现可持续发展。

　　涪城区南部蚕桑现代农业园区的种植模式有以下两种。

　　（1）"公司＋合作社＋基地＋农户"模式。如图7-2所示，采用"七统一分（统一品种、统一技术、统一采购、统一品牌、统一加工、统一包装、统一销售、分户种植）"的管理模式。通过构建智能化信息平台，为农户提供服务。同时通过整合资源和争取资金，加强蚕桑种植基地基础设施建设等。该模式有效地降低了农户的种植风险，使合作社与农户能够建立长效的利益联结机制。

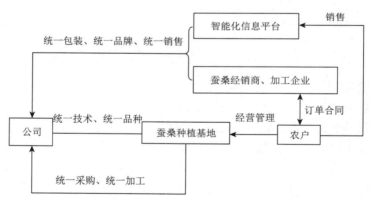

图 7-2　"公司＋合作社＋基地＋农户"模式流程图

来源：《绵阳市涪城区蚕桑现代农业园总体规划（2019年版）》。

　　（2）"公司＋基地＋农户"模式。如图7-3所示，针对蚕桑标准化生产基地建设和机械化水平提高，农户以土地入股，由园区公司负责蚕桑标准化生产基地和仓储、加工、休闲项目等的建设、经营和管理。入股后的农户可以通过返聘成为公司的职业农民或职工，农户除可获得固定的分红外，还可参与一二三产业各环节的生产活动，这有效提高了园区农户的收入水平。

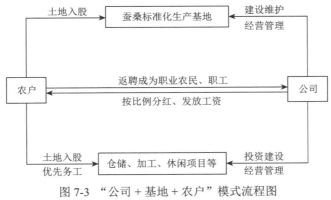

图 7-3　"公司 + 基地 + 农户"模式流程图

来源：《绵阳市涪城区蚕桑现代农业园总体规划（2019 年版）》。

　　涪城区南部蚕桑现代农业园区以精品蚕茧生产及特色桑园作物种植、优质生丝及特色蚕桑产品加工产业为两大主导产业。园区桑园面积 3.5 万亩，可生产"八倍蚕"蛹虫草、"桑之玉"桑叶茶、桑枝食用菌、桑葚等副产品，加工蜀绣、丝绵被、桑果干、桑果酱、桑葚红酒等。同时园区建有多个电子商务平台，如"食哈哈""六虹淘宝""天府云商""淘宝"等，规模化经营主体均建有网店或微信公众号。园区丝绸产品畅销国内外高端市场，并成为众多国际奢侈品牌的指定原料供应商。

　　蚕桑现代农业园的建设，推进了农业产业规模化经营，园区内新建了高标准桑园基地和先进养蚕设施。同时园区鼓励由龙头企业引领，规模化流转土地，建设标准化桑园；鼓励合作社及养蚕大户参与返包经营；形成了"千鹤桑田"观光带，该观光带通过将农田景观和蚕桑文化有机融合，成为城市居民进行休闲娱乐、科技体验、健康养生的重要景区。蚕桑现代农业园鸟瞰图如图 7-4 所示。

图 7-4　蚕桑现代农业园鸟瞰图

来源：《绵阳市涪城区蚕桑现代农业园总体规划（2019 年版）》。

　　蚕桑现代农业园的建设内容：加强科技装备支撑能力，从园区需求出发，建立蚕桑高新技术研究转化平台、精制蚕种孵化园等；形成标准技术体系，加大对新科技、新技术的研发与推广；推广机械化养殖、规模化经营，发展企业或专业合作社经营主体，配套建设标准化养殖场，搭建土地流转平台；通过生态循环、种养结合、田间套作等方式，促进绿色发展；对农民进行统一培训，促进农民收入持续增加，提高农民生活水平；建立产业物联网系统，对蚕棚、烘茧设施进行数据采集及系统管理；建立资源回收处理中心，集中统一收集蚕沙并进行无害化处理，处理后的蚕沙可用于生产制作有机肥和改良土壤，以减少环境污染；完善休闲旅游设施，开展产业基地景区化建设，打造蚕桑文化主题公园；进一步拓展与电商平台的合作，并建立园区蚕茧、蚕丝网销平台。

　　蚕桑现代农业园核心区桑田的建设相对集中成片，且机械化种植程度较高。根据园区功能分区规划（图7-5），其呈"一核三区五园"的布局。"一核"代表科技研发与服务中心，"三区"是指蚕桑高标准种植示范区、蚕桑育繁推一体化示范区、产品加工与循环发展区，"五园"是指蚕桑产品仓储物流园、茧丝绸产品加工园、蚕桑副产品开发园、废弃物综合利用园、精制蚕种孵化园。

　　综上所述，涪城区蚕桑现代农业园的创建有利于培育区域优势特色产业，调整涪城区农业结构，推动涪城区现代农业的发展。

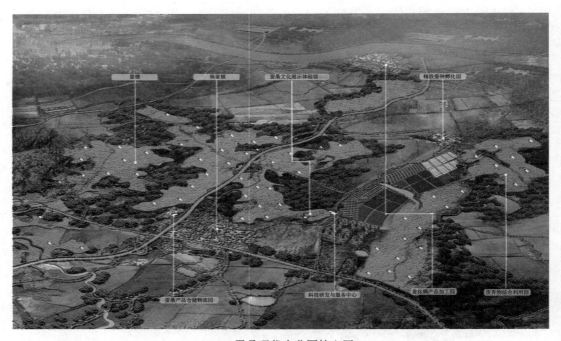

7-5　蚕桑现代农业园核心区

来源：《绵阳市涪城区蚕桑现代农业园总体规划（2019年版）》。

7.4.2　三台县涪江流域生态乡村农业空间规划实践

1. 三台县概况

三台县位于四川盆地中部偏北，绵阳市东南部，北纬 30°42′34″～31°26′35″，东经 104°43′04″～105°18′13″，地势北高南低，东与盐亭县、梓潼县交界，南与射洪县、大英县相邻，西与中江县接壤，北与游仙区、涪城区相连。

三台县农业发展优势得天独厚，农业总产值和主要农副产品产量居全省前列、全国百强，是中国麦冬之乡、米枣之乡，全国粮食、生猪、油料、油橄榄生产基地。近年来三台县争取到产粮（油）大县奖励资金、生猪调出大县奖励资金，以及国家科技惠民计划、畜禽粪污资源化利用重点县、国家生猪育繁推一体化示范项目、现代农业重点县、数字农业试点县、"保粮惠农贷"综合金融服务创新试点、生猪重大技术协同推广计划试点、农村一二三产业融合、信息进村入户工程示范建设、农业生产托管服务资金等近 2 亿元，拉动社会投资 20 亿元，已形成以麦冬、生猪、藤椒和优质粮油、蔬菜为主导的 "3 + 2" 现代农业产业体系，以及以现代智慧物流为核心且以特色文化旅游和全域电子商务为支撑的 "1 + 2" 现代服务业产业体系。

2. 三台县种植麦冬的产业发展模式

三台县以可持续发展理念为宗旨，运用生态学、循环农业经济学原理，遵循物质循环和能量流动的基本规律，按照"种养 + 加工 + 科技 + 文旅"全产业链发展思路，采用先进科学技术成果和现代管理方法，以麦冬种植、生猪养殖、农产品加工为核心，以沼气、有机肥加工为纽带，科学合理地布局产业。同时三台县采用清洁生产方式，发展农业循环经济，遵循减量化、再利用、再循环原则，实现农业规模化生产、加工增值和副产品综合利用，并通过构建农业产业技术支撑体系，积极拓展农业多种功能，发展电子商务、休闲观光、农业服务等新兴业态，延伸产业链、提升价值链、拓宽增收链、完善利益链，促进农业"产加销"紧密衔接，推动一二三产业融合发展。

3. 打造三台县道地麦冬高标准种植示范区

（1）规划布局。示范区涉及花园镇四脊村、枣河村、白衣村、镇江村，以及永明镇永明村、万家坎村、景家桥村、永和村 8 个村。

（2）功能定位。依照《地理标志产品·涪城麦冬》《无公害农产品生产技术规程 麦冬》等相关标准，坚持高起点规划、高标准建设的原则，按照区域化布局、集约化栽培、产业化经营的发展思路，建设麦冬绿色标准化生产示范基地。麦冬产业发展功能定位图如图 7-6 所示。

（3）规划内容。①麦冬生态种植方面：全面开展测土配方施肥、有机肥替代化肥行动，减少化肥用量，减轻面源污染，开展物理防治、生物防治等，减少农药用量，提升麦冬品质。②机械化生产方面：推广适用于麦冬生产、采收、加工、病虫害防控的高效实用机具，提升麦冬生产效率。③信息化管理方面：采用信息化管理技术，加快人工智能、环境监测控制、物联网等信息化技术在麦冬生产中的应用，提升麦冬生产信息化水平。

图 7-6　麦冬产业发展功能定位图

来源：《四川省三台县现代农业产业园总体规划（2019～2022 年）》。

4. 打造麦冬产业体系科研高地，强化麦冬共性技术攻关

产业园加快麦冬暨中药材检验与研究中心、高新技术企业孵化中心、四川麦冬产业技术研究院以及专家院士工作站等"产学研"联合创新平台的建设，探索科技成果转化和利益分配机制，提高自主创新能力；积极创建国家、省级专业研发中心和试验室，支持企业与高校、科研院所共同组建产业技术创新联盟；加速产业园建设和麦冬"药食同源"申报工作，加大对麦冬生物医药、食品和保健品等的研发力度，打造中国麦冬生产标准体系，促进种质资源保护、新品种培育、良种繁育、生物技术创新、新产品研发以及医养融合发展。至 2022 年，完成麦冬"药食同源"申报工作，申报省级以上科研项目 5 项，创建省级以上研发中心、重点试验室各 1 个，选育麦冬新品系 2 个。

另外，产业园深化麦冬生产经营主体与中国中医科学院、北京大学药学部、成都中医药大学、四川国光农化股份有限公司等高等院校、企业的合作与交流，创建"产学研"基地、中试基地、公共试验室等科研平台，研究制定麦冬种苗质量标准与等级标准、良种繁育技术规程、生产种植规程、田间管理标准与操作规程、投入品使用标准与操作规程、采收加工操作规程、麦冬药材标准等；开展麦冬种质资源评价、新品种培育，加强对减量控害绿色防控技术、全程机械化与标准化栽培管理技术、储运保鲜技术、精深加工技术等关键技术的研发和推广，突破麦冬发展瓶颈，推动麦冬产业健康快速发展。至 2022 年，新制定麦冬生产标准 10 项，麦冬重茬、化学农药过量使用等问题得到有效解决。

5. 打造麦冬产业体系系列项目

1）麦冬系列标准体系建设项目

在《地理标志产品·涪城麦冬》和《无公害麦冬生产技术规程》《出口麦冬农残和污

染物限量标准》《麦冬无公害生产技术》《涪城麦冬种植技术规范》等规范标准的基础上，完善鉴别、育种、种植、采收、品质评级、物流、仓储等重点环节；委托相关科研院所更加深入地开展关于各项标准的研究、申报工作，力争实现标准化作业完整覆盖麦冬全产业链，确保三台县麦冬的高品质；鼓励优势企业积极参与标准的建立和申报过程，推动企业与科研院所组建"标准转化"同盟，以保证标准的可操作性和可落地性，使"金标准"具有专业性和权威性。

至 2022 年，三台县麦冬各项标准全面建设完成并落地实施，省级、国家级标准申报工作基本完成并在全国范围内得到推广，打响三台县麦冬原料及产品知名度，总投资 200 万元。

2）麦冬现代气调仓储物流中心

以四川省代代为本农业科技有限公司为主体，在花园镇原有的气调库基础上，继续加大投资，完善冷链物流配送调度中心、信息服务中心、配送装卸运输服务区、配送车辆保养维修服务区等的建设，构建直通产地的冷链运输系统。

至 2022 年，在原有的 2000t 气调库基础上，新建 8000t 气调库 1 个，小型冻库 10 个，新建气调库面积 1 万 m^2，容量 8000t。总投资 6000 万元，其中厂房及基础设施配套建设投资 2500 万元，设备 3500 万元。

3）麦冬大健康产业试验园

在花园镇新建 1.6 万 m^2 的麦冬大健康产业试验园，完成综合楼、研发楼以及首期约 5000m^2 的口服液、麦冬配方颗粒、中药饮片配送中心标准厂房和约 5600m^2 的胶囊制剂厂房建设。

至 2022 年，麦冬大健康产业试验园基础设施完善，生产设备齐全，口服液和胶囊制剂生产线等正常运行，总投资 2 亿元。

6. 效益分析

1）经济效益分析

根据产业园建设项目，以产业园及周边地区 2018 年农产品的市场价格为依据，并比照国内同期统计资料和市场预期状况，进行产业园的效益估算。至 2022 年，产业园建设完成，并满负荷运转，根据初步估算，年产值 30.1 亿元，利润预期可达 8.9 亿元。

2）社会效益分析

（1）有利于实现农业的高产高效。规划的实施，有助于扩大农业经营范围，促进农用地、劳动力、资金等生产要素的合理集聚，提高土地生产率和劳动生产率；同时以产业园为平台，带动餐饮、交通运输、农产品加工等行业的发展，增加农业生产的附加值。

（2）有利于提高农产品质量安全水平。良好的生态环境是生产有机绿色安全农产品的理想环境，产业园在土壤改良、水质改善、不断提升环境质量的基础上，坚持按照有机绿色、安全、标准化、规范化的生产方式，提升农产品质量。

（3）有利于区域多功能农业的开发。麦冬特色小镇、涪江生态观光带、采摘园以及麦冬博物馆等项目的打造，增加了旅游资源，拓展了旅游空间，促进了三产之间相互关联、相互促进、有机结合，为打造多功能的现代高效农业产业体系奠定了基础。

3）生态效益分析

通过实施一批关于土地质量提升、农业资源化利用、涪江生态景观带的项目，促进了产业园生态环境不断改善，使生态系统服务功能得以恢复和增强。同时坚持经济效益、社会效益与生态效益并重，注重在产业园中运用环境友好型生产技术，科学合理地规划布局各功能区，建设污水、垃圾处理设施和进行水产养殖投入品废弃包装物回收处理，并开展生态友好型环保技术示范推广，以减少环境污染，保护生态环境，改善当地农村环境状况。

7. 规划效果

规划力图将农业产业园打造成集康养社区、会议中心、会展中心、酒店群、健康管理中心、运动健身中心、梦幻主题乐园、风情商业街、主题美食街、茗茶酒吧街、文化娱乐城、水上表演、民俗广场、中心公园、特色植物园、婚礼庄园、邮轮渔港等于一体的文化旅游胜地，如图 7-7 所示。

图 7-7　农业产业园鸟瞰图

来源：《四川省三台县现代农业产业园总体规划（2019~2022 年）》。

其中，明兴农业主题公园分为生猪养殖区、柑橘种植区、桃树种植区和葡萄种植区，如图 7-8 所示。

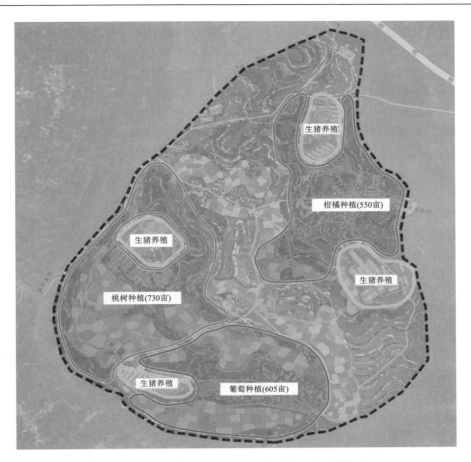

图 7-8　明兴农业主题公园产业布局规划图

来源：《四川省三台县现代农业产业园总体规划（2019～2022 年）》。

7.4.3　壤塘县北部牧业生态乡村农业空间规划实践

1. 壤塘县概况

壤塘县地处四川省阿坝州西部，青海省和四川省交界处，东经 100°31′～101°29′，北纬 31°29′～32°41′，与阿坝县、金川县，甘孜州道孚县、炉霍县、色达县，以及马尔康市和青海省班玛县 7 个县（市）毗邻，位于川西北高山峡谷向丘状高原过渡地带，大渡河上游，为大渡河水源地保护区，紧邻三江源国家公园，生态区位重要，保护责任重大。一直以来，壤塘县坚持错位发展、联动发展、特色发展，产业主要定位于高原农牧业等特色产业。

2. 生态环境修复与国土空间综合整治规划

1）生态环境修复

（1）生态自然恢复。加快对河流、河谷、矿山等重点区域生物多样性的保护和恢复；

以杜苟拉自然保护区、高原峡谷区、高原山地区为重点，推进天然林保护；对 25°以上坡耕地、重要水源地 15°～25°坡耕地实施退耕还林等，修复面积为 594.26hm^2；推进南莫且湿地自然保护区的退耕还草，实现林草植被快速恢复，修复面积为 2383.29hm^2。

（2）工程治理修复。对南莫且湿地自然保护区采取填沟保湿、治理鼠虫害、控制载畜量等措施进行修复；开展杜柯河、则曲河等河流廊道的造林行动，营造沿河水土保持林和防护林，加大河岸线生态修复力度；加强山地灾害防治和水土流失综合整治。

2）国土空间综合整治

将零星耕地、永久基本农田周边的耕地进行农用地综合整治，明确重点整理区域，农用地整理规模 1431.73hm^2，高标准农田 154.70hm^2；开展土地整治，推进城乡建设用地增减挂钩，完成农村建设用地整理（面积不小于 119.86hm^2）；推进生产建设活动和自然灾害损毁的土地的复垦，完成工矿废弃地复垦整治（面积不小于 46.36hm^2）。为保护和修复生态系统，提高国土空间的开发利用率和质量，对壤塘县国土空间进行全域综合整治和修复，并明确重点整治区域及重大整治工程。

3. 北部牧业生态乡村农业空间规划

"南农"为林业空间、农业种植空间分布密集区域，位于县域西南河谷地区。"北牧"位于畜牧业发展条件优越的县域东北部，主要涉及南木达镇、尕多乡、中壤塘镇连片区域，是县域范围内最适合种植业及畜牧业发展的区域。

应加快畜牧业结构调整，实现畜牧业与种植业的合理布局并适度扩大规模，最终实现畜牧业产业升级。在畜牧业中应重点养殖高原牦牛，并以市场为导向，提高畜禽的出栏率和商品率，同时采用"公司＋基地＋农户"的特色发展模式，积极发展牦牛特色畜产品养殖、加工业，切实加大牧民培训力度，不断提高牧民素质和在畜禽养殖方面的能力。

参 考 文 献

曹晨晓，岳岩，孟庆香，2008. 中原地区土地整理工程理论与实践[M]. 北京：中国农业出版社.

邸少楠，2010. 石家庄市矿区统筹区域土地利用研究[D]. 保定：河北农业大学.

董祚继，2002. 土地利用规划管理手册[M]. 北京：中国大地出版社.

董祚继，吴运娟，2009. 中国现代土地利用规划：理论、方法与实践[M]. 北京：中国大地出版社.

郝胥京，郑华萍，2020.《全国乡村产业发展规划（2020～2025 年）》解读：推进农村创新创业[J]. 农村经济与科技，31（22）：258-259.

刘双良，2011. 土地整治规划[M]. 天津：天津大学出版社.

刘硕，2016. 越西县古二乡土地整理规划及效益分析[D]. 成都：成都理工大学.

刘思华，黄国勤，2012. 生态经济与绿色崛起：中国生态经济学会生态经济教育专业委员会"中国生态经济建设 2012·南昌论坛"论文集[M]. 北京：中国环境科学出版社.

马胜利，2010. 成都市城市土地持续利用评价的实证研究[D]. 成都：电子科技大学.

牟晓磊，2018. 乡村振兴视角下的村级土地利用规划研究：以山西省平陆县张店村土地利用规划为例[D]. 北京：中国地质大学.

孙雷，2010. 上海"三农"决策咨询研究：2009 年度上海市科技兴农软课题研究成果汇编[M]. 上海：上海财经大学出版社.

陶泽良，2015. 新常态下我国土地整治的思考[J]. 南方农业，9（21）：149-150.

王万茂，2008. 土地利用规划学[M]. 7 版. 北京：中国大地出版社.

王万茂，王群，2010. 土地利用规划学[M]. 北京：北京师范大学出版社.

吴次芳，2000. 土地利用规划[M]. 北京：地质出版社.

吴俊晓，2019. 基于 GIS 的城市空间增长边界划定研究：以绩溪县为例[D]. 合肥：合肥工业大学.

杨木壮，林媚珍，2014. 国土资源管理学[M]. 北京：科学出版社.

杨志琴，2012. 土地复垦适宜性评价研究[D]. 昆明：昆明理工大学.

赵贺，2004. 转轨时期的中国城市土地利用机制研究[D]. 上海：复旦大学.

张占录，张正峰，2006. 21 世纪土地资源管理系列教材·土地利用规划学[M]. 北京：中国人民大学出版社.

周健华，2016. 我国土地整理规划立法问题研究[D]. 重庆：西南大学.

第8章 生态乡村的生活空间规划

8.1 生态乡村建筑规划

生态乡村最早由丹麦学者吉尔曼在其报告《生态乡村及可持续社区》中提出,而生态乡村的建设自 20 世纪 90 年代开始在全球各地得到实践。近年来,我国开始逐步推进新型城镇化建设进程,并越来越重视生态环境保护工作,力图实现城乡经济转型升级,推动"以工促农、以城带乡",促进城乡融合和可持续发展。

在当前城乡融合和可持续发展背景下,生态乡村建筑规划和设计日益受到重视。在工程设计中积极运用节能环保型材料、新技术、绿色可再生能源,可减少建筑施工和使用阶段的能源消耗,创建优质的生态乡村建筑,增强村民对家乡的归属感和建设美好家乡的责任感(杨娟,2021)。生态乡村建筑具有创新性和开放性,且与传统乡村建筑不同,生态乡村建筑更注重自然生态村落的发展,也更贴近自然,能将生态理念融入建筑。同时生态乡村建设更着力推动生态建筑的规划和建造,力图构建乡村社会、人居建筑和生态环境统一协调发展的理想模式。生态乡村建筑规划有助于保护生态环境,推动城乡融合和乡村振兴,促进人与自然和谐共生和生态乡村可持续发展。

8.1.1 乡村生态建筑

1. 乡村建筑现状及问题

乡村建筑是民间自发形成的具有传统风土特色的建筑,是岁月流逝中乡土精神与本土文化的外在体现,具有地域性、自发性、艺术性、历史文化价值高等特点。但在城市化的冲击下,乡村建筑在发展中出现了诸多问题,这严重影响了乡村建筑的健康发展。

1)人口流失使乡村"空心化"

人是建筑的核心,也是乡村地区发展的基础。但在城市化进程中,大量农村人口向城市迁徙,造成乡村"空心化"现象凸显,许多乡村建筑因缺乏人气而逐渐衰败消逝(段慧,2021)。

2)忽视传统乡村建筑的价值,缺乏专业的保护

乡村建筑蕴含着较高的历史、文化和艺术价值。但随着现代化的发展,乡村建筑的文化价值逐渐被忽视,很多传统乡村建筑被无情地拆除破坏,致使一些宝贵的传统乡村建筑消逝。同时乡村建筑是自发形成的,具有较大的随意性,在对传统乡村建筑进行保护的过程中,由于对是原貌保留、局部改造还是拆除重建缺乏分析,并且未对遗存的乡村建筑进行有效的价值分析,导致现有的一些乡村建筑变得不伦不类,新建的建筑突兀另类,完全打破了原有的乡土风貌,破坏了传统文脉肌理。

3）缺乏地域特色，乡村建筑室内环境及配套设施落后

传统的乡村建筑具有显著的地域特色，但是近年来在乡村城镇化的推动下，人们逐渐一味追求现代化的别墅、洋楼，忽视了建筑与周边环境的共生性，新建建筑中难觅地方材料、传统工艺的影子，彻底丧失了地域特色。此外，原有的陈旧乡村建筑和部分缺乏建筑师科学指导的新建建筑，在采光通风、空间布局、内部装饰和配套基础设施建设方面存在相对落后和不合理的问题。

4）生态建筑技术应用不足

目前节能建筑主要应用于城市，而乡村较为少见，且乡村建筑普遍存在建造技术水平低、缺乏整体规划的问题。生态建筑技术和新的节能技术应用不足，不利于土地和自然资源的高效利用。

2. 乡村生态建筑及其特点

生态建筑简称 ECO（ecological building），可将建筑看成一个生态系统，建筑内外空间中的各种物态因素通过合理组织，使物质、能源在建筑生态系统内部有序地循环转换，从而获得一种高效、低耗、无废、无污、生态平衡的建筑环境。而乡村生态建筑是指在建筑师引导下，根据当地的自然生态环境，由村民共同参与，在乡村建造的生态建筑。乡村生态建筑具有地域性，其通过运用生态学、建筑技术的基本原理和现代科学技术手段，将自身与环境有机结合。

乡村生态建筑的特点主要包括以下三个方面。

1）运用生态节能技术

乡村生态建筑通过应用生态建筑设计理念和使用当地环保且可再生的资源，提高了资源利用率，减少了乡村建筑的规划建造对生态环境的影响，赋予了乡村建筑生态宜居性。

2）以人为本

生态建筑遵循以人为本的理念，能将居住环境与自然紧密融合，提供令乡村居民满意的居住空间环境和人文关怀，满足乡村居民的精神需求。

3）具有历史文化性

乡村生态建筑能将生态建筑技术与当地历史文化融合，最大限度地发挥乡村建筑文化的载体作用，体现乡村建筑的价值。

3. 生态乡村建筑规划原则

1）生态优先，因地制宜

生态乡村建筑应以绿色生态为导向，基于特定的乡村自然资源，因地制宜，尊重自然，维护乡村风貌，突出地域特色。当乡村生态建筑规模过大时，应编制经济可行的生态乡村建筑专项规划，将建筑规模严格控制在生态保护红线外，并划定刚性管控范围，以保护核心生态资源，维护乡村生态格局，保障乡村生态安全。

2）合理布局，节约用地

应科学区分生产与生活区域，合理布局，构建安全、宜居、美观、和谐、配套设施完善、边界限定、空间结构优化的生态乡村建筑体系；依法科学合理地统筹规划土地，不占用基本

农田，充分利用闲置土地，合理规划布局公共活动场所。生态格局确定了乡村发展边界，而生态保护红线是乡村建设必须坚守的底线。乡村资源条件是决定乡村发展规模的基本要素，涉及资源承载能力、资源储备能力等多个方面，其中资源承载能力包括自然资源承载能力、经济资源承载能力、社会资源承载能力等。乡村建筑规划应充分保护资源，遵循合理用地、节约用地、保护耕地、充分利用荒地和薄地，以及不占用良田、耕地和林地的原则。

3）以人为本，村民参与

规划乡村建筑时，应深入农户实地调查，充分尊重农户意愿，因地制宜，合理布局，延续传统村落肌理，传承文化（邱婵，2019）。而生态乡村空间布局应注意选址安全：①避开受山洪、滑坡、泥石流、洪水等自然灾害影响较大以及对生态安全敏感的地段。②避开地下采空区、文物埋藏区、水资源保护区以及具有开采价值的地下资源埋藏区。③选择有利地形，结合当地自然环境条件，选择水资源充足、水质良好、便于排水及通风和地质条件较好的地段。

4）多种规划融合，建筑风格协调

乡村建筑规划应与社会经济发展规划、土地利用规划、生态功能区规划、城镇建设总体规划等衔接。在设计生态乡村建筑时，应体现地域文化，延续城镇历史和风貌特色。建筑应以多层、低层结构为主，并保持整体协调，避免大体量或高层建筑影响乡村整体风貌特色。

5）推广生态建筑技术，打造生态宜居乡村

生态乡村建设应注重生态建筑技术的研发和推广应用，打造绿色、低碳和有机的生态建筑，如在乡村建筑中采用太阳能与建筑一体化设计技术、有机保温绝缘材料、气密性被动式房屋设计技术等降低建筑的能耗水平，打造低碳建筑；建筑材料采用当地天然的生态型材料，如砖、石、木头和竹材等，不使用对环境有毒有害的化工合成建材；在建筑中采用雨水冲洗型和生物堆肥型厕所，以促进资源循环利用；在乡村建设和建筑规划中推行节能减排技术，减少交通和建筑对环境的影响；政府通过制定政策和标准规范，引导生态建筑技术的应用，推动生态建筑的发展，打造生态宜居的人居环境。

8.1.2　藏族羌族聚集区生态建筑及其规划

1. 藏族羌族聚集区生态建筑

1）藏族地区生态建筑

藏式建筑经过长期实践、演变和发展，已趋向于适应当地生态环境，具有浓郁的乡土气息和民族风格。藏式民居建筑顺应自然环境，在建筑材料选择和使用上与当地条件有机结合，能满足日常生活、宗教信仰和防御的需要，且与周围环境协调一致，房屋结构和种植庭院古朴自然。以嘉绒藏族地区生态建筑为例，其沿溪而建，充分顺应自然、利用自然，且通常以自家农田为中心向外延伸，这既便于劳作，也便于看管。藏族地区生态建筑多依山而建，就地取材，构造严谨方正，朝向大多为南向或东南向。房屋最低一层不开窗，只设气洞，用于饲养牲畜或堆放牛粪、牧草等杂物，较为潮湿。

二、三层能满足日常生活起居，顶层常设经堂、喇叭房、晒坝等（唐硕，2016）。藏族地区生态建筑示意图如图 8-1 所示。

图 8-1　藏族地区生态建筑示意图

来源：《理县胆扎木沟建筑风貌改造方案（2013～2018 年）》。

2）羌族地区生态建筑

羌族地区生态建筑就近取材，即利用附近山上的土、石等资源，先在选择好的地面上掘出一条深 1～2m 的方形沟，然后在沟内用较大的石片砌基脚。基脚宽约 3 尺[①]，用调好的黄泥作浆，胶合片石。石墙自下而上逐渐见薄并逐层收小，石墙重心略偏向室内，从而因形成向心力并使片石相互挤压而得以牢固。屋顶结构由下至上分别是主梁、椽子、劈材层、竹竿、黄刺、棕耙，颇具民族特色（苏放，2011）。羌族地区生态建筑的窗户、入户门及墙体示意图如图 8-2 所示。

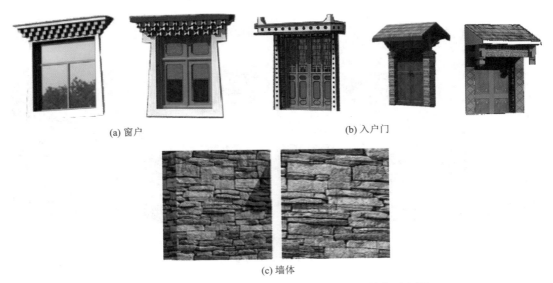

(a) 窗户　　　　　　　　　　　　(b) 入户门

(c) 墙体

图 8-2　羌族地区生态建筑的窗户、入户门及墙体示意图

来源：《理县胆扎木沟建筑风貌改造方案（2013～2018 年）》。

---

① 1 尺≈0.33m。

2. 藏族羌族聚集区生态建筑规划

当代藏族羌族聚集区生态建筑继承了传统藏族羌族聚集区建筑的生态适应性策略和民族文化，并积极引入现代建筑的先进技术，从而变得更加舒适。同时藏族羌族聚集区生态建筑顺应当地自然条件，能够适应高海拔地区自然资源条件和农业、畜牧业发展特点，满足居民日常生活、宗教信仰等需求。

下面以阿坝藏族羌族自治州理县胆扎木沟乡村生态建筑规划为例。

1）地理位置

理县位于四川省西部，青藏高原东部，阿坝藏族羌族自治州东南缘，居住着藏族、羌族、汉族三个民族，处于藏羌文化走廊核心区域。

2）生态建筑现状及风貌规划

理县的胆扎木沟地区由于长期以来村镇规划滞后，其建筑处于无序、零星散乱的状态，与藏族地区传统民族特色不相符的建筑随处可见，这有碍藏族地区民俗的表达，应进行整治，以改善环境，突出体现嘉绒藏寨的特色，使胆扎木沟地区成为理县县城"后花园"和具有嘉绒特色风情的最佳避暑胜地。

3）生态建筑规划改造

在乡村建筑设计中引入生态建筑设计理念，可减少对环境的破坏，使生态环境更加健康安全。应按照"生产空间集约高效、生活空间宜人宜居、生态空间山清水秀"的总体要求，通过对建筑立面的改造，营造胆扎木沟的传统嘉绒民居风貌。可通过对建筑添加嘉绒民居的建筑符号，加强对民俗氛围的营造，并且要突出生态保护、规模控制、文化传承、有机更新等重点（熊英伟等，2017）。藏族羌族聚集区生态建筑改造图如图 8-3 所示。

图 8-3　藏族羌族聚集区生态建筑改造图
来源：《理县胆扎木沟建筑风貌改造方案（2013～2018 年）》。

8.1.3　川西北地区民居风貌

根据乡村整体风格特色、地形与外部环境条件等，确定建筑风格及建筑群组合方式。乡村建筑应在风格上整体协调统一，尽量运用当地的建筑材料，体现地方特色。

1. 民族特色风貌区

民族特色风貌区分为羌族风貌区和藏族风貌区。

1）羌族风貌区

北川县作为全国唯一的羌族自治县，其乡村建筑整体风貌体现羌族民居特色。羌族地区建筑结构一般为 2～3 层，并基于当地自然地貌的变化形成了"退台"的风格。

2）藏族风貌区

平武县北部主要为藏族分布区，乡村建筑整体风貌体现藏族民居特色。藏族地区建筑示意图如图 8-4 所示。

图 8-4　藏族地区建筑示意图

来源：《理县胆扎木沟建筑风貌改造方案（2013～2018 年）》。

2. 唐风建筑风貌区

江油市青莲镇乡村建筑整体风貌为唐风建筑风貌，其以青瓦、白墙、片石勒脚、木栅栏为建筑特色，兼以吊脚楼和木质构架，具有传统的院落围合结构。唐风建筑示意图如图 8-5 所示。

图 8-5　唐风建筑示意图

来源：《平武县苏房坝安置房项目规划方案（2015～2020 年）》。

3. 川西民居风貌区

川西各县民居根据自身的实际情况采用当地的建筑符号和元素，建筑屋顶采用半坡式与全坡式相结合的形式，色调大致为青灰色调，形成白墙青瓦的典型川西民居；建筑墙角以青石灰勒脚；门窗均采用木质或木色仿制门窗，窗户颜色以暗红色为主；院坝由视线通透的木质小栅栏构筑，造价经济，节约成本；庭院地面通过本地石材、石板或砂岩等进行硬化，既体现了当地的乡村气息，也丰富了视觉景观，同时还节约了建设成本；房前、屋后都进行了绿化和硬化处理，局部设置了花卉、蔬菜种植空间，有些建筑还在庭院内部布置了休闲空间。川西民居风貌区示意图如图 8-6 所示。

图 8-6　川西民居风貌区示意图

来源：《平武县苏房坝安置房项目规划方案（2015～2020 年）》。

8.2　生态乡村公共空间景观规划

生态乡村公共空间是承担村民日常生活交往、娱乐、休闲、行政等诸多活动的生态空间载体，具有交流、聚集、认同、归属等特征。生态乡村公共空间景观规划，旨在明确主要道路、空间轴线、重要节点、环境小品的设计和建设要求，并结合乡村景观格局现状，分析乡村生态空间格局存在的问题。应基于乡村总体规划及区域土地利用规划，提升村口、绿地、广场、路侧、宅间和庭院地段的绿化、美化水平，并结合乡村生态景观布局、地形地貌、水系分布、交通网络建设和区域生态系统服务功能，以及区域内饮用水水源地、自然保护区、风景名胜区等生态敏感区的分布，突出乡村生态型绿化和生产性景观特征（杨露茜等，2015）。

8.2.1　生态乡村公共空间景观

1. 景观要素分类

1）植物景观

植物景观是生态乡村公共空间中重要的景观要素，乡村自然和人工植被景观的打造应注重对乡土特色植物的保护与应用。植物按照不同观赏特性可分为四类：①观姿植物，主要分为圆柱形、圆锥形、球形、伞形植物等。例如，松柏能向上引导视觉，给人以高耸的感觉；垂丝海棠则常被种植于湖边，随风而摆，宜动宜静。②观色植物，主要分为常色植物、季色植物和干枝色植物。例如，香樟树的树叶颜色不随季节改变；银杏在春秋则能呈现出不同色彩；梧桐的干枝色彩具有特殊性。③观花植物，有的花色艳丽，有的花朵硕大，有的花形奇异并具香气。④观果植物，即主要观赏植物的果实，有的果实色彩鲜艳，有的形状奇特，有的香气浓郁，有的着果丰硕，有的则兼具多种观赏功能。例如，柚子在秋季成熟之时，其果实呈黄色、球形，并且散发着特有的香气。可运用具有不同观赏特性的植物，同时考虑其生态适应性，打造美丽的乡村公共空间景观。植物景观如图 8-7 所示。

图 8-7 植物景观

2）山水景观

山得水而活，水得山而媚；因山而峻，因水而秀。我国"智者乐水，仁者乐山"的山水观反映了中国传统文化对"仁""智"的感悟，表达了人们对山水的真切体验。乡村山水景观是乡村公共空间景观的自然本底，应体现出连贯性、动静结合的特点和多视角特征。山水景观如图 8-8 所示。

图 8-8 山水景观

来源：《三台县木林村乡村振兴示范园规划设计（2017～2022 年）》。

3）其他景观

其他景观主要包括建筑景观、道路景观、人文景观、设施设备景观等（王红山，2014）。建筑、道路、人文景观规划等作为乡村规划的基本构成要素，对于传统风貌的延续、历史文化的继承、乡村特色的体现具有重要的意义和价值。

2. 生态乡村公共空间景观的作用

1）美化环境

人的活动离不开环境，生活在一个美丽的环境中，可以让人感受到精神上的愉悦。乡村公共空间景观的打造可美化环境，营造宜人的生活空间。

2）生态调节功能

自然景观常常具有调节气候的功能，如降低太阳辐射强度、调节空气温度和湿度等。乡村公共空间中的植物和山水景观要素都可以起到调节气候、保持水土、调蓄洪水和净化空气等作用。

3）发挥综合效益

打造宜人景观，不仅能促进旅游业发展，还可将村庄中的防护林结合到经济林产业、中药材产业、果林产业等相关产业中，发挥其生态和经济多重效益。

4）安全防护

城市中的一些广场、公园兼具应急避难场所功能，乡村的公共空间景观也可在满足景观要求的同时减轻灾害带来的破坏。

8.2.2　生态乡村公共空间景观规划的原则

生态乡村公共空间景观规划关系到生物多样性保护和生态系统服务功能，其应遵循以下三个原则。

1. 保护生态资源，尊重人文地域特色

生态乡村公共空间景观规划应结合当地环境，尽可能地减少对环境的破坏；尽可能使用用再生原料制成的材料，并循环使用，减少施工产生的废弃物，保护生态资源；尊重人文地域特色，保留当地的文化特点，注重对传统文化的传承。目前乡村原生景观环境与独特地域文化都面临着前所未有的冲击，因此，应将公共空间建设与传统文化的传承最大限度地结合起来，并使其渗透到现代生产与生活之中（任艳蕾，2018）。

2. 尊重自然生态，整体协调空间环境

自然环境是人类赖以生存和发展的基础，应尊重自然景观特征，使人工环境与自然环境和谐。各类自然景观、公共绿地、商业设施、道路网络都是乡村公共空间的重要构成要素，乡村公共空间规划要根据实际情况合理选址，且生态乡村公共空间景观规划要突出对环境的保护和使空间环境协调。

3. 与当地产业结合，建立动态规划及管理机制

景观规划不是独立存在的，它服务于整个乡村规划和乡村发展战略，因此，景观规划需要考虑产业布局和经济发展等因素。乡村公共空间规划是一个动态的规划。在乡村公共空间的营造中应建立动态规划及管理机制，实行分期规划与分阶段建设，让公众全程参与规划设计和管理过程：首先，进行基础资料的收集，以了解当地的自然、人文环境和产业状况；然后，梳理分析当地现有的规划成果、规划标准；最后，进行景观规划设计。

8.2.3　生态乡村公共空间景观规划及常见类型

1. 生态乡村公共空间景观的形态

（1）点状景观：指一些零星分布且体量较小的景观。点状景观是相对于环境而言的，其特点是景观空间尺度较小，且主体元素突出，易被人感知与把握。一般包括居住区的小花园、乡村入口标识景观、小品、雕刻、十字路口节点景观等。

（2）线状景观：指呈线形布局的景观。主要包括村庄中的主要交通干道，以及特色景观街道及滨水休闲绿地等。

（3）面状景观：主要指尺度较大、空间形态较丰满的景观。乡村生态园、铺砖广场、部分功能区，甚至整个村庄都可作为一个面状景观进行统筹设计。

2. 生态乡村公共空间景观的布局

（1）线形布局：以直线、曲线状进行景观布置。例如，道路、灌木林带等。

（2）环形布局：在用地四周形成环状隔离带，保持内部与外部空间的相互渗透、功能的相互分离。

（3）放射状布局：以放射状向外辐射，突出中心，向外层扩散与渗透。

（4）点式布局：单个的景观以点状布置。

3. 生态乡村公共空间景观规划常见类型

1）生态乡村滨水景观规划

现代生态乡村滨水景观规划设计一般采用以下三种不同的处理手法：一是使用亲水木平台；二是使用挑入池塘的木栈桥和廊道；三是种植亲水植物作为过渡区。由此可达到不管四季水面是涨还是落，人们总能戏水、玩水的效果。滨水景观如图8-9所示。

2）生态乡村居住区景观规划

乡村居住区景观规划与城市居住区景观规划不同，乡村居住区景观的体量较小，且居住区的建筑多为多层建筑，结构常为砌体结构。同时乡村居住区景观在总体布局上表现为依山而建、傍水而居，周围有良好的自然环境，因此，乡村居住区景观与环境之间的相互融合是规划中的重点。在建筑风貌上，规划需要考虑当地的地域文化与人文环境。乡村居住区景观如图8-10所示。

图 8-9　滨水景观

来源:《三台县木林村乡村振兴示范园规划设计（2017～2022 年）》。

图 8-10　乡村居住区景观

来源:《涪城区吴家镇三清观村村规划方案（2021～2035 年）》。

3）生态乡村生态园景观规划

生态园景观规划主要考虑的是休闲与度假功能,其围绕此核心功能,打造具观光体验性质的农业生态园。农业生态园一方面可作为当地村民的生态农业研发创新孵化基地,另一方面可吸引外来游客观赏农业风光,体验农业生产。农业生态园景观如图 8-11所示。

图 8-11　农业生态园景观

来源:《三台县木林村乡村振兴示范园规划设计(2017～2022 年)》。

4)生态乡村道路景观规划

道路属于线形视觉空间,景观的连续性、延伸性、节奏性和律动性等在道路景观规划中都应注意。同时要善于运用道路的地理景观,如升坡、降坡、流曲、转折、陡崖、堤岸、岔路口、聚集点等处的地貌特征,以增加道路景观的特色。乡村道路的景观规划还需要考虑村民的生活习惯、乡风民俗,在保持乡村自然和人文环境的基础上,打造具有乡村特色的道路景观。道路景观如图 8-12 所示。

图 8-12　道路景观

来源:《绵阳市安州区红武村油博园规划方案(2018～2030 年)》。

8.3　生态乡村庭院景观规划

8.3.1　乡村庭院景观规划存在的问题

目前,乡村庭院景观的规划设计趋于相似,村民对庭院景观改造的认识不够深刻,国内在庭院景观改造上存在认知差异,使得"物不尽其用",没有使庭院成为建筑的"点睛之笔"(张娟丽等,2020)。乡村的庭院景观规划普遍存在以下问题。

1. 景观植物搭配不合理

在景观植物的选择上,较为单一。村民多引进外来植物,注重追求视觉上的享受,但缺乏对外来植物的了解，许多植物由于不适应当地环境而死亡，或者繁殖能力过强，造成物种入侵。最大的问题是没有将"庭院"这一概念融入建筑，应充分考虑庭院空间，在庭院中种植可食用或具有经济价值的果树、蔬菜等，并增加色叶树木比重，种植攀缘植物，以丰富庭院色彩，形成立体绿化效果。

2. 对生态庭院的认识不足

对于庭院，我国拥有丰富的建造经验，在我国古典园林设计中有"移天缩地"的造园手法，但现在大部分村民都将庭院作为晾晒场地或者菜园。相较于生态庭院，多数地区的村民更注重乡村的公共场所，忽视了生态庭院景观的设计。

3. 盲目追求差异性

全球化背景下，随着外来文化的大量涌入，传统文化与外来文化产生了冲突，一些人盲目追求外来文化，导致乡村景观建设不能因地制宜，乡村景观缺乏地域特色。另外，现代乡村庭院景观设计多延续使用了对称手法，但由于庭院的预留空间不足，营造不出大气的感觉，也体现不出庭院的特色。

8.3.2　生态乡村庭院景观的概念及构成要素

1. 生态乡村庭院景观的概念

庭院是乡村居民直接进行生产和生活的场所，也是乡村人文景观的基本组成单元。生态乡村新型庭院通过多户院落灵活组合，形成公共院落，并合理处理了每户院落出入口与公共院落的空间关系，以避免邻里间互相干扰，在构造上能够满足乡村居民日常公共交往和保护私人生活的需求。生态乡村庭院景观示意图如图 8-13 所示。

图 8-13　生态乡村庭院景观示意图

来源：《平武县桅杆村规划及"幸福美丽新村"建设规划方案（2015～2020 年）》。

2. 生态乡村庭院景观的构成要素

生态乡村庭院景观的构成要素包括景观绿化、庭院铺装、围墙、水体、景观小品和其他要素。对于乡村中保存得较为完好、历史悠久、地域特色突出的典型民居，应当以保护修缮为主。另外，应优先选用具有当地自然风貌的乡土植物，以形成具有鲜明乡土特色的绿化景观；采用透水性强的铺装材料，并体现生态乡村特色。这样既环保，又美观。

8.3.3　生态乡村庭院景观设计原则

乡村庭院景观具有休闲、经济、生态、美学功能，生态乡村建筑通过退让道路形成庭院空间，庭院出入大门的设计宜简洁美观，并满足现代化农机及小型汽车进出院落的需求。生态乡村庭院景观设计原则具体如下。

1. 生态性原则

随着绿色环保理念逐渐深入人心，景观设计更加注重建筑与周边生态环境的有机融合。因此，生态乡村庭院景观设计应充分考虑居住舒适性、使用便捷性，尊重自然生态环境，以人为本、因地制宜，促进人与自然和谐相处。

2. 适用性原则

现代乡村庭院景观设计首先要满足村民日常生活、生产的需求，庭院的风格设计、平面布局、功能氛围、空间结构、材料使用等都要符合当地的生活习俗，体现乡村庭院自身的功能性（卢冠廷，2021）。

3. 文化性原则

乡村庭院景观既是对建筑风格的体现，也是对当地村民的思想、情感及文化传统的重要体现。因此，在进行乡村庭院景观设计时需要结合传统文化与现代审美，并充分利用地域文化资源，体现乡村的文化特征。

4. 美观性原则

庭院景观也是建筑的重要组成部分，乡村庭院景观设计需要借助景观设计手法，为乡村营造一个舒适、能够愉悦心情且具有较高审美水平的现代乡村庭院。

5. 经济性原则

考虑到目前广大乡村地区的经济水平以及村民的生活习惯、对庭院景观的需求，在进行乡村庭院景观设计时要遵循节约和经济的原则。

8.4　川西北典型生态乡村生活空间规划实践

8.4.1　游仙区盐泉镇生态乡村生活空间规划实践

1. 圣谕村生态乡村生活空间规划实践

圣谕村地处浅丘地区，具有亚热带季风气候，四季分明，气候温和，日照充足，地形地貌由丘、沟、谷、塘等要素组成，拥有天然、纯朴、绿色的环境。圣谕村的农业以传统农业为主，种植的农作物有粮食作物、经济作物、药用植物等，其中粮食作物以水稻、小麦、玉米等为主；经济作物以油菜、蚕桑为主。圣谕村生态乡村生活空间规划示意图如图 8-14 所示。

图 8-14　圣谕村生态乡村生活空间规划示意图

来源：《游仙区盐泉镇圣谕村生态乡村规划方案（2020～2035 年）》。

1）圣谕村生态乡村建筑规划

圣谕村生态乡村建筑沿用了川北民居传统的实木穿斗式构架和砖砌墙，灰瓦屋顶错落布局，具有特色基石、柱台、窗框雕刻，并在建筑色系和建筑细部加入特别的白漆涂料，以体现建筑古朴、大气的风格特点（吕勇，2019）。圣谕村生态乡村建筑改造示意图如图 8-15 所示。

2）圣谕村生态乡村公共空间景观规划

圣谕村生态乡村公共空间景观规划在行道树绿化设计方面以乡土植物为主，并采用乔木、灌木、草本相结合的方式。其中乔木包括三角枫、玉兰、云杉；灌木包括丰花月季、女贞、红叶小檗、忍冬；草本包括披碱草、狗尾巴草、针茅等。同时规划将现有民居改造为乡村民宿，这样既能满足不同的旅游住宿需求，又能盘活空置民宅，从而为村民增收。另外，可利用村庄自然地貌丰富、地形多变的特点，设置户外拓展和极限运动等项目，以满足更多客源群体的旅游需求。圣谕村生态乡村公共空间景观规划示意图如图 8-16 所示。

图 8-15　圣谕村生态乡村建筑改造示意图

来源：《游仙区盐泉镇圣谕村生态乡村规划方案（2020～2035 年）》。

图 8-16　圣谕村生态乡村公共空间景观规划示意图

来源：《游仙区盐泉镇圣谕村生态乡村规划方案（2020～2035 年）》。

3）圣谕村生态乡村庭院景观规划

圣谕村生态乡村庭院景观规划采用了灌木、藤本、花卉与草本相结合的方式，使得庭院景观具有层次感和韵律性。其中灌木包括女贞、地柏、忍冬；藤本包括地板藤、炮仗花、紫藤、爬山虎、鸡血藤；花卉包括芍药花、杜鹃花、栀子花；草本包括狗尾巴草、鹅观草等。圣谕村生态乡村庭院景观规划示意图如图 8-17 所示。

图 8-17　圣谕村生态乡村庭院景观规划示意图

来源：《游仙区盐泉镇圣谕村生态乡村规划方案（2020～2035 年）》。

2. 雨台村生态乡村生活空间规划实践

　　雨台村位于游仙区盐泉镇北部，与玉河镇镇区相接，具有亚热带湿润季风气候，气候温和，雨水充沛，四季分明。全村有塘堰 32 口，小二型水库 1 座，清溪河绕村而过，山清水秀，引人注目。雨台村主要发展绿色生态水果产业，并且还种植优质粮食作物和发展鱼类、生猪养殖等产业，同时通过引入多个农业专合组织流转土地，以发展麦冬、苗圃、蔬菜、乡村旅游等项目。雨台村生态乡村生活空间规划示意图如图 8-18 所示。

图 8-18　雨台村生态乡村生活空间规划示意图
来源：《游仙区盐泉镇雨台村生态乡村规划方案（2020～2035 年）》。

　1）雨台村生态乡村建筑规划

　　雨台村生态乡村建筑以生态保护为核心设计理念，采用独栋式布局，并与山体等高线结合，以避免过于呆板，而建筑立面融入了宋代风格的山墙、全坡屋顶等。同时建筑具传统的实木穿斗式构架和砖砌墙，灰瓦屋顶错落布局，建筑古朴、大气。雨台村生态乡村建筑示意图如图 8-19 所示。

　2）雨台村生态乡村公共空间景观规划

　　雨台村注重尊重乡土民俗，营造田园风光，协调山、水、林、田、湖、草整体风貌，并利用水系打造湿地景观。同时为提升现有滨水沿岸景观质量，雨台村打造了滨水观光走廊，并沿岸适量建有木质亲水栈道、观景平台、垂钓平台。另外，雨台村在清溪河畔白石滩结合苏易简求学故事打造了白石书院，并将"清溪映白石"作为景观核心。雨台村生态乡村公共空间景观规划示意图如图 8-20 所示。

　3）雨台村生态乡村庭院景观规划

　　雨台村生态乡村庭院景观规划注重对建筑周边景观和建筑内部院落景观的打造：在建筑周边景观方面，注重构建"微田园"景观，并在庭院前设置菜地，加强建筑周边植物景观设计，而植物以乡土植物为主，从而可与周边山水景观契合，凸现乡土生活韵味和气息；在建筑内部院落景观方面，注重推进民居庭院改造，并采用对景、借景等景观营造方式，打造建筑间的"小花园"，以展现浓郁的乡土气息。院落依据地势布局，内部台地错落，绿化植物选择具有观赏性的乔木、灌木、花卉、草本。雨台村生态乡村庭院景观规划示意图如图 8-21 所示。

图 8-19　雨台村生态乡村建筑示意图

来源：《游仙区盐泉镇雨台村生态乡村规划方案（2020～2035 年）》。

图 8-20　雨台村生态乡村公共空间景观规划示意图

来源：《游仙区盐泉镇雨台村生态乡村规划方案（2020～2035 年）》。

图 8-21　雨台村生态乡村庭院景观规划示意图

来源：《游仙区盐泉镇雨台村生态乡村规划方案（2020～2035 年）》。

8.4.2　平武县磨刀河流域生态乡村生活空间规划实践

　　磨刀河流域在平武县城乡统筹发展规划中的定位是生态养生，其发展模式是文化创意先导模式。磨刀河流域自然资源丰富、环境优美，具有很高的科研、观光价值，是很好的科研考察基地、青少年科普教育基地。其以农业和良好的自然本底为依托，打造了现代农庄和乡村生态旅游项目。磨刀河流域生态乡村生活空间规划示意图如图 8-22 所示。

图 8-22　磨刀河流域生态乡村生活空间规划示意图

来源：《平武县磨刀河流域生态乡村规划方案（2012～2020 年）》。

1. 磨刀河流域生态乡村建筑规划

磨刀河流域沿线建筑、庭院建设存在自发性和无序性的问题。应结合对老河沟自然保护区的打造，对磨刀河流域沿线的街道、庭院环境、建筑风貌进行整治，以突出体现川西北民居的特色，使磨刀河流域成为集自然风光和科考、康体功能于一体的旅游景区。游客可在此食宿，体验最纯朴的乡村生活。

2. 磨刀河流域生态乡村公共空间景观规划

街道建筑多采用小尺度，亲切宜人，具有浓厚的生活气氛和乡土气息；街道的生活空间注重营造良好的居住环境和集市生活，追求生活与居住的便利与和谐，桥头、沟边、井旁，或设小亭，或植大树，成为人们生活休息的好去处。建筑色调以青瓦、粉墙、白屋脊、褐柱为基本色调。建筑整体形象朴素大方：石板路、外挑檐院落、青瓦坡屋面、木穿斗结构、竹编夹泥白灰粉墙和建筑内外高悬的匾额、对联及各色灯笼，寓意深刻，色彩鲜艳，烘托出浓郁的巴蜀文化氛围。磨刀河流域生态乡村公共空间景观规划示意图如图 8-23 所示。

图 8-23　磨刀河流域生态乡村公共空间景观规划示意图

来源：《平武县磨刀河流域生态乡村规划方案（2012～2020 年）》。

3. 磨刀河流域生态乡村庭院景观规划

磨刀河流域沿线庭院人居环境条件差，道路坑洼不平，建筑凌乱、风貌不一，和周围环境不协调，没有和当地旅游配套的设施，不能满足磨刀河流域未来的旅游接待需要。规划结合老河沟自然保护区的规划，在对磨刀河流域沿线进行乡村建设和建筑风貌整治的同时，以循环经济理念驱动庭院经济，将磨刀河流域沿线庭院改造为具有一定接待能力的小型农家乐，以提供庭院农产品和民宿服务，为村民增收。磨刀河流域生态乡村庭院景观规划示意图如图 8-24 所示。

图 8-24　磨刀河流域生态乡村庭院景观规划示意图

来源：《平武县磨刀河流域生态乡村规划方案（2012～2020 年）》。

参 考 文 献

段慧，2021. 基于乡村振兴的乡土建筑原态保护与生态开发[J]. 住宅与房地产（21）：37-38.

卢冠廷，2021. 美丽乡村建设背景下苏州新农村庭院景观设计探究[J]. 现代园艺，44（12）：108-109.

吕勇，2019. 川北山区农村村社"三规合一"的规划方法研究：以广元市牛头村为例[D]. 绵阳：西南科技大学.

邱婵，2019. 城市扩张下近郊乡村规划研究：以绵阳市涪城区杨家镇为例[D]. 绵阳：西南科技大学.

任艳蕾，2018. 基于分类的乡村公共空间规划策略研究：以印江县为例[D]. 吉首：吉首大学.

苏放，2011. 新农村建设中的住宅建筑风貌塑造研究：以四川为例[D]. 成都：成都理工大学.

唐硕，2016. 藏式民居结构构造及施工工艺研究[D]. 绵阳：西南科技大学.

王红山，2014. 河北省乡村旅游景观规划设计研究：以抚宁县乡村旅游规划为例[D]. 保定：河北农业大学.

熊英伟，刘弘涛，杨剑，2017. 乡村规划与设计[M]. 南京：东南大学出版社.

杨娟，2021. 城乡融合背景下生态建筑设计在乡村建筑设计中的应用初探[J]. 中国住宅设施（7）：93-94.

杨露茜，姚建，袁野，2015. 山区小城镇国土空间格局优化研究[J]. 环境科学与管理，40（5）：152-155.

张娟丽，李双全，田珍先，2020. 乡村振兴战略下的乡村庭院景观设计研究：以六盘水市刘官村为例[J]. 建材与装饰（7）：64-65.

第9章 生态乡村基础设施与公共服务设施规划

9.1 生态乡村基础设施规划

在我国的社会经济发展过程中，乡村占据着非常重要的地位。美丽乡村建设是中国特色社会主义新农村建设的代名词，而生态乡村是对美丽乡村的进一步升华。生态乡村综合考虑了不同地区乡村的自然资源以及社会和文化特色，并从整体上考虑了整个乡村生态系统和乡村景观格局的科学性和生态适宜性。

9.1.1 生态乡村基础设施概述

1. 乡村基础设施的概念

基础设施是指为社会生产和居民生活提供公共服务的设施，用于保证国家或地区社会经济活动的正常进行，是社会赖以发展的一般物质条件（吴晓君，2009）。而基础设施规划是城乡建设规划的核心内容之一，其涉及的基础设施主要包括交通运输、机场、港口、桥梁、通信、水利及城乡给排水、供气、供电设施等。

乡村基础设施是指为乡村经济、社会和文化发展提供公共服务的各种硬件设施，可分为农业生产性基础设施、农村生活基础设施（邹秀平，2020）。农业生产性基础设施主要用于现代化农业基地及农田水利建设（武昕，2019），而农村生活基础设施主要指农村饮水、沼气、道路、电力等方面的基础设施。

2. 生态乡村基础设施的概念

生态乡村是指利用生态学以及生态经济学原理，并基于可持续发展理念建设的乡村。生态乡村的居住环境、公共服务设施与基础设施需要统一规划与建设。生态乡村应在建设过程中合理调整村落生态系统的结构，充分发挥生态系统的服务功能，统筹规划特色文化建设以及农业经济的发展，促进乡村居民生活与居住环境的改善，实现"既要金山银山，又要绿水青山"的目标。乡村基础设施的建设可直接影响乡村生产生活，反映乡村发展的水平。完善的乡村基础设施能有效地保障村民的生产生活需求，提高村民生活质量，让村民在乡村建设中获得幸福感。

3. 生态乡村基础设施规划的意义

编制生态乡村基础设施规划，统筹安排交通、给排水、电力、通信和防灾减灾设施，有助于有效降低生产建设涉及的生产、运输和储藏成本等，提高经济效益；为村民生活提供便利，提升乡村人居环境质量。生态乡村基础设施规划的意义具体表现在以下四个方面。

（1）提高村民对自然灾害的防御能力，降低突如其来的灾害导致的经济损失。

（2）完善的基础设施有利于促进乡村产业更快地走上专业化、市场化、社会化、一体化的道路，也有利于生产规模的扩大以及产业结构的更新换代，促进农村居民整体收入水平提高，加快推进农村的现代化建设，缩小城乡差距。

（3）提高农村劳动力的就业率，增加就业岗位。

（4）改善投资环境，增强乡村对外界投资的吸引力，推动社会经济资源融入乡村建设中，有效处理资金不足问题，促进农业的外向型和创汇型发展。

总体来说，加强乡村基础设施建设，有助于改善乡村生产和生活环境，推动乡村市场发展，解决乡村内需不足的难题，加快乡村建设。

9.1.2　生态乡村基础设施专项分类规划

1. 生态乡村道路交通规划

道路系统将分散在村域内的生产、生活活动连接起来，在创建美好生活、组织生产、发展经济等方面具有重要作用。乡村道路建设是乡村基础设施建设的重要内容，也是实现乡村振兴战略和乡村可持续发展的基础。

乡村道路，在古代又称为蹊畛，或者阡陌、畛陌，其与其他类型的道路的最大区别在于路幅的宽度以及所连接的区域不同。在乡村规划中，村庄道路系统规划具有举足轻重的地位，村庄的规模、结构布局、管线排布和村民的生活方式都需要道路系统的支撑。乡村道路系统也是村庄社会、经济和文化的基本组成部分，乡村交通路网的布局在很大程度上决定了村庄的发展形态，因此，合理的交通路网布局是乡村可持续发展的关键。乡村道路，不仅影响着乡村空间结构与形态的变化，同时对乡村的生产生活也有极大的影响（徐云倩，2017；孙闻鹏和何勇海，2021）。乡村道路是保障乡村社会经济发展的重要基础设施之一，合理规划乡村道路是建设生态乡村的重要一步。

1）生态乡村道路分级

乡村振兴战略中的产业兴旺和生态宜居均要求在生态乡村建设中建立健全生态乡村道路系统，由此可将生产生活空间、"微田园"景观院落、滨水公共空间以及山水景观等联系起来，让人们感受到当地的风土人情，领略区域的自然生态。生态乡村道路系统规划，将道路按功能和作用分为过境公路、主要道路、次要道路、宅前道路与游步道五类（何蒙蒙，2019）。

（1）过境公路：是城镇之间的核心公路，在总体布局规划上，应满足乡村发展需求，考虑出入境交通的流量和流向等。

（2）主要道路：是村域内主要的常速交通道路，为相邻村庄之间和城镇中心区提供运输服务，是相邻村庄之间的主要通道和城镇对外交通枢纽。

（3）次要道路：是村庄内的主要干道，联系乡村主要道路和宅前道路并组成乡村道路网。

（4）宅前道路：是连接村庄次要道路与住宅入口的道路。

（5）游步道：以生活服务功能为主，在交通上起汇集作用，以便于人们观赏景观。

2）生态乡村道路现状

我国是历史悠久的农业大国，乡村为我国的社会经济发展做出了巨大贡献。近年来，我国的乡村道路发展迅速，新修改建的乡村道路显著增加，且无论是覆盖率还是通畅性都有显著提高（陈蒙杨，2017），但有些乡村道路在规划、设计乃至施工等方面都存在一定的不足。

（1）乡村道路规划设计不合理。我国乡村道路分布散乱且数量较多，当地政府在进行道路规划时往往占用大量耕地、林地，以牺牲环境为代价换取村民的出行方便，缺乏系统性的总体规划。

（2）绝大多数乡村道路都是在原有道路的基础上改造的，质量存在隐患。例如，宽度、线形、弯度等工程指标要求相对较低，这显然不能适应未来经济发展的需要。

（3）超限运输造成道路损毁严重。由于一些行驶在乡村道路上的车辆超限运输，大部分道路损毁严重，甚至造成交通中断。

（4）乡村道路的设计缺乏美观性和生态性。现有的乡村道路大多只考虑实用性，忽视了沿途乡土景观的美学、文化和生态价值。当前，在乡村振兴战略背景下，生态乡村道路的规划、设计与施工应综合考虑经济、生态和社会效益，把乡村道路规划与乡村景观建设结合起来，丰富道路的内涵和价值。

3）生态乡村道路规划原则

在生态乡村建设中，应因地制宜地规划乡村道路；统筹规划乡村设施建设；提升乡村土地的使用率；根据当地地域文化特色开展农业生产；按照生产生活对道路的需求，合理规划建设乡村道路系统。

（1）统筹规划、因地制宜的原则。应将道路规划与土地利用规划作为一个整体来考虑，同时应考虑乡村居民生产生活实际状况、基础设施建设等，使乡村道路规划与乡村建设规划和道路周边的地形、地貌、景观、环境相协调，保护自然生态环境和传统历史文化景观。

（2）保护耕地、节约用地的原则。乡村道路要充分利用现有的道路与原有的桥梁进行改扩建，尽量避免大挖大填和占用农田，减少对自然环境的不利影响。

（3）道路交通安全、方便的原则。乡村道路建设应与公路、铁路、水运等交通方式相协调，并根据实际情况配置相应的基础道路设施。同时乡村道路应与省道、县道等主干路网相连接，以提升乡村道路路网密度与通达性，道路系统应尽可能简单、安全，避免建设脱离实际的高标准公路。

4）生态乡村道路设施规划

乡村道路的设计应充分考虑功能与景观的结合，在适当的地点布置停车场、公交车站点等道路设施。

（1）停车场。乡村停车场应结合当地社会经济发展情况酌情布置，并且应考虑配置农用车辆停放场所。停车场的出入口应有良好的视野，机动车停车场车位多于 50 个时，出入口不得少于 2 个，出入口之间的净距不得小于 7m。根据相关规定，设计停车位时应以占地面积小、疏散方便、能保证安全为原则，并合理灵活地预留空间。乡村公共停车场场地铺装宜使用透水砖、嵌草砖等渗透性良好的材料，如图9-1所示。

图9-1　生态乡村公共停车场

来源：《绵阳市吴家镇三清观村村规划（2021～2035年）》。

（2）公交车站点。乡村发展到一定的程度时，可纳入公交服务系统，设置公交车站点。例如，在以旅游业为主体产业的乡村设置首末公交车站点各一个，不过分追求设置多个站点，这样既能提供交通运输服务，有利于增加旅游人数，又不会造成资源浪费。

5）生态乡村道路设计原则

生态乡村道路设计应遵循以下几个原则。

（1）尊重历史、因地制宜、差异化建设的原则。乡村振兴战略要求推动城乡基础设施互联互通，加快实施村组道路硬化建设。乡村基础设施建设特别是道路建设（如资源路、农业路、旅游路的建设）既要尊重历史、因地制宜，又要考虑地域差异和需求差异，做到"一事两受益"。同时，生态乡村道路规划应考虑对已弃用但仍具有历史人文或旅游价值的古道、山道、桥梁、天梯和滑索等进行保留和修缮。

（2）按需分级规划和设计的原则。乡村道路建设要根据乡村的实际情况进行分级规划。这种分级不同于道路等级划分，不是按照车流量和路幅宽度来划分，而是按照乡村生产和生活的实际需求来划分。例如，在路面硬化方面，通村组的干路可做沥青或混凝土硬化处理，但在村落内部和住宅前院可按需要采用对应的路面硬化材料，如砂卵石、石材、石板、木材、青砖、透水砖等。

（3）曲径通幽、以慢为美的原则。目前乡村道路的设计沿用了公路的设计标准和工程技术规范，但公路设计往往突出快速通过，而生态乡村道路却强调以慢为美。同时从公众的安全角度考虑，曲折的道路以及较小的弯道半径能迫使驾驶者降低车速。

6）生态乡村道路系统与生态发展

随着生态乡村道路的建设，乡村产业和资源得到优化，各产业协调发展，乡村突破了发展的局限，拥有了更广阔的发展空间。而乡村道路网的完善、村民生活水平的提高，促进了乡村其他基础设施的建设。在生态乡村道路建设中，应把城乡绿化和美丽乡村建设结合起来，通过提高乡村道路沿线的绿化、美化、净化水平，促进乡村道路与沿线生态环境的自然和谐，推进乡村道路向生态绿色方向发展，为人们打造"畅、安、舒、绿、美"的出行环境，发挥生态乡村道路对乡村人居环境的改善作用。

总体来说，畅通的道路不仅有助于提高村民的物质生活水平和精神文明水平，而且促进了乡村信息传播速度加快，对外交流活动增加。

2. 生态乡村给排水工程规划

村庄供水可分为集中式供水和分散式供水。给水工程规划应从乡村的实际情况出发，尽量采用集中供水方式，与周边城镇或乡村共建共享供水设施。给水工程规划中，集中式给水主要涉及确定用水量、水质标准和水源及卫生防护设施、水质净化设施、给水设施、管网布置；分散式给水主要涉及确定用水量、水质标准和水源及卫生防护设施、取水设施布置（杨靖宇和杨红，2008）。给水管网可布置成枝状，但应考虑将来连接成环状管网的可能性。

村庄排水机制宜选择分流制，不具备条件时可选择合流制。但在污水排入管网系统前，应采用化粪池、沼气池等对污水进行预处理（叶红，2015）。雨水应充分利用地面径流和沟渠排除，污水则应通过管道或暗渠排放，排放雨水、污水的管、渠均应按重力流原理设计。

乡村污水处理原则如下。①优先选择氮磷资源化利用技术与尾水利用技术。通过化粪池、沼气池等，对厕所粪污和生活污水就地就近进行资源化利用。通过对农田沟渠、塘堰等排灌系统进行生态化改造，并栽植水生植物或建设植物隔离带、生态湿地等，将尾水进一步利用和净化，以提高农村水环境质量。②采用低成本、低能耗、易维护、高效率的污水处理技术。有条件的地区，可采用人工湿地、氧化塘等。③根据村庄的自然地理条件、居民分布状况、环境改善需求、经济发展水平、设施建设基础等，选择适宜的污水处理技术。采用集中方式处理污水时，污水处理厂的位置应在乡村的下游，靠近受纳水体或农田灌溉区。有条件的村庄宜充分依托城镇污水处理系统或小型一体化污水处理设备进行集中处理，也可充分利用自然湿地的净化功能，采用"厌氧生化池 + 人工湿地（生物塘）"的方式处理。采用分散处理模式时，应新建或改建三格式化粪池，使村民能自行处理生活污水。

3. 生态乡村电力工程规划

村庄电力线宜采用同杆并架的架设方式，沿公路、村庄道路布置。乡村供电规划是确定供电电源和选择变电站地址的依据，其基本原则是线路进出方便，接近负荷中心。重要工程设施、医疗单位、用电大户和救灾中心应设专用供电线路，以及备用电源。另外，应结合地区特点，充分利用水力、风力和太阳能等发电。

4. 生态乡村通信和光电工程规划

通信工程规划主要包括电信、邮政、广播、电视规划。通信线路一般可采用架空敷设，对景观要求较高的地段可采用埋地敷设。线路一般沿乡村道路架设，特殊地段可结合地形确定。

有线电视广播网络应尽量全面覆盖乡村，其管线应逐步采用埋地敷设方式，且原则上应与乡村通信管线统一规划、联合建设。

5. 生态乡村新能源的利用

应保护乡村的生态环境，大力推广新型节能技术，实现多种能源并用；积极推广使用风能、太阳能、沼气以及其他清洁型能源；逐步减少对木材以及煤炭的使用，减少对环境的破坏以及对生态资源的过度利用。

6. 生态乡村防灾工程规划

1）消防

应按照国家有关规定配置消防设施。消防给水规划和消防设施规划应同时进行，并宜采用能同时满足消防、生产、生活需求的给水系统。各类用地中建筑的防火分区、防火间距和消防通道的设置，均应符合国家有关规定。防火分区应按分区内有 30～50 户居民的要求进行设置，丘陵山地型乡村应沿坡纵向开辟防火隔离带。防火墙应高出建筑物 0.5m 以上。设有给水管网的乡村及其工厂、仓库、易燃易爆材料堆场，应设置室外消防给水设施。无天然水源或给水管网不能满足消防用水需求时，应设置消防水池，消防水池容积不能小于 50m³。

室外消火栓应沿道路设置，并宜靠近十字路口，间距不宜大于 120m。应在重点防火场所设置消防警示标志；集中供水的乡村聚居点应布设消火栓等设施，而不具备集中供水条件的乡村聚居点可利用河湖、池塘、水渠等既有水源或人工消防水池建设消防设施。利用天然水源时，应保证枯水期水源水位不低于最低水位和冬季消防用水的可靠性（赵栋，2019）。

2）防洪

生态乡村规划建设应避开洪涝、泥石流灾害高风险区，合理布局乡村聚居点。村域内河流应按 20 年一遇防洪标准设防。丘陵山地型乡村应在地势较高地段沿等高线平行布置截洪沟，以实现"高水高排、低水低排、自排为主、泵排为辅、蓄水利用"的目标。同时，要认真贯彻执行全面规划、综合治理、防治结合、因地制宜、以防为主的防洪方针（李明，2017），建设功能完善的排洪、排水设施。在易发生内涝的地段，应将排涝与排水工程相结合，做到统一规划和实施。另外，应加强对沟渠、水系的疏掏工作，河渠两岸建筑物的修建方案必须征得水务部门的许可。水资源丰富的地区，其防洪的重点是防止山洪暴发。宜在水系上游适当地段结合水资源梯级修堤筑岸、栽种植被，以调节径流，以及在汛期拦洪，削减洪峰（谢璐遥，2014）。

3）抗震

抗震防灾工作要贯彻"预防为主，防、抗、避、救相结合"的方针，并根据《中华人民共和国防震减灾法》（2008 年修订版）、《四川省防震减灾条例》（2012 年版）等法律法规进行规划。

4）避雷

应在认真调查地理、地质、土壤、气象、环境条件等和雷电活动规律以及被保护建筑物的特点的基础上，详细研究避雷装置的形式及布置。各类避雷建筑物应采取防直击雷和防雷电波侵入的措施。粮、棉及易燃物大量集中的露天堆场，应采取防直击雷措施。

5）地质灾害

乡村建设中应开展植树造林行动，以恢复森林植被，同时利用植物的固土作用和雨水汇流作用，减少滑坡、泥石流的发生或降低其破坏力。

6）其他防灾设施

避难疏散通道出入口数量不宜少于 2 个，疏散主通道有效宽度不宜小于 4m；与出入口相连的主干道有效宽度不宜小于 7m。疏散避难场所的选择必须综合考虑多种因素，并且与灾害及次生灾害危险源的距离应满足国家现行有关标准的要求。

7. 生态乡村环卫工程规划

生态乡村应坚持分类收集、定点存放、定时清运、集中处理的原则（韩晶，2017），建立各类生产生活垃圾的日常保洁以及集中收集、清运和处理机制，完善相应设施，并做好卫生防疫和生产生活垃圾的资源化利用工作。同时，应因地制宜地选择垃圾处理处置方式。距离城镇近且居住相对集中的村庄应尽量依托城镇垃圾处理系统，采取填埋或焚烧等方式进行垃圾的无害化处理；偏远山区或居住相对分散的村庄，宜采取堆肥等无害化处理手段。另外，可结合当地用肥习惯，采用沼气净化池、化粪池、高温堆肥等对粪便进行无害化处理。

村庄应为每户居民配备垃圾桶，鼓励其自行将生活垃圾分类。乡村旅游区应每 50～100m 设置一个垃圾桶，每个村庄应至少设置垃圾收集点一处，并结合改水改厕措施，逐步提高无害化卫生厕所的覆盖率。在公共服务设施方面，村庄应设置公共厕所，且最小建筑面积不应低于 $30m^2$，有条件的可规划建设水冲式卫生公厕。

9.2　生态乡村公共服务设施规划

9.2.1　生态乡村公共服务设施概述

生态乡村公共服务设施是指为村民提供公共服务的各种公共性、服务性设施，公共服务根据内容和形式可分为基础公共服务、经济公共服务、社会公共服务、公共安全服务等，按照具体的项目特点可分为教育、医疗卫生、文化娱乐、交通、体育、社会福利与保障、行政管理与社区、邮政电信和商业金融服务等。生态乡村配套设施规划不仅要实现均等化、全覆盖，而且要注重资源共享、综合集成，避免重复建设，并考虑设施对周边乡村地区的辐射范围（陈跃鸿，2015）。而生态乡村公共服务设施规划应坚持集约用地、功能复合、使用方便、尊重村民意愿的原则，结合社区街道和公共空间（赵苑斯，2021），并按照国家现行的规范标准、上位规划的要求及村庄自身发展需求，配置公共服务设施，完善现有公共服务设施的功能，提升公共服务设施的服务能力。公共服务设施规划设计应尽可能地结合村民的生活和使用习惯，各类服务设施应相对集中，最好在村委会及其周边进行设置，以提高公共服务设施使用率。

9.2.2　生态乡村公共服务设施专项分类规划

乡村公共服务设施以公益性设施为主，包括村庄综合服务中心、基础教育设施、卫生室、敬老院、文化大院、邮政网点及少量生产设施等。

生态乡村公共服务设施规划，在生活服务设施方面，主要关注教育、医疗、养老、运动健身设施等；在生产设施方面，主要关注能改善农田灌溉以及能提供农业技术服务、产品销售渠道、农业信息和技术培训等的设施。乡村公共服务设施主要涉及以下六个方面。

1. 行政服务

行政综合性服务中心是与党群服务中心合建的，属于非营利性设施。行政服务类公共服务设施以党群服务中心、警务室、村委会、综合调解中心等为主。

2. 教育

生态乡村应重视教育工作，优化教育设施的配置，提升教育质量（杨国霞和苗天青，2013）。教育类公共服务设施以图书馆、幼儿园（托儿所）、小学为主。此外，生态乡村还应重视开展生态科普教育活动，并提供相应的服务设施。

3. 医疗卫生

我国坚持"以农村为重点，预防为主，中西医并重，依靠科技与教育，动员全社会参与，为人民健康服务，为社会主义现代化建设服务"的卫生工作方针，而乡村是重点服务地区。乡村医疗卫生公共服务设施以卫生院和卫生服务站为主。

4. 文化娱乐

文化娱乐活动是乡村居民放松身心的活动，有利于村民互动交流。文化娱乐类公共服务设施以文化活动中心、健身设施、村史馆、老年活动室等为主。生态乡村的文化娱乐设施规划应注重保护和挖掘当地的历史文化特色和自然生态价值。

5. 商业服务

为了保障乡村的运作和村民的生产生活，应增加商业服务类公共服务设施。商业服务类公共服务设施以餐饮娱乐设施、便民服务中心、购物中心、农贸市场、邮政网点为主。

6. 社会福利与保障

社会福利与保障是一种政府行为，也是一种生活福祉。社会福利与保障类公共服务设施以敬老院、托老所等为主。

7. 体育活动

为了保障村民的身体健康和文体活动需求，应提供体育活动室、村民健身广场和少儿体育场等公共服务设施。

总之，乡村公共服务设施的建设应遵循方便使用和节约用地的原则，因地制宜地配置设施，优先考虑共享设施，避免浪费和重复建设。同时公共服务设施应设置在交通比较便利、人流比较集中的地段，如社区中心或出入口附近。鼓励对历史建筑进行保护性再利用，建筑在条件允许的情况下，可作为公共服务设施使用。绵阳市村镇公共服务设施配置标准见表 9-1。

表 9-1　绵阳市村镇公共服务设施配置标准

类别	设施名称	配置标准	供给主体
行政服务	派出所	尽可能单独建设，出入口要方便车辆和人员进出，相邻场镇可共享	政府为主
	村委会	宜合并设置，建筑面积不小于100m²，用地面积不小于200m²	市场为主
	警务室		市场为主
商业服务	邮政网点		市场为主
	农贸市场	相邻城镇可共享	市场为主
文化娱乐	运动场		政府为主
	图书阅览室	宜合并设置	政府为主
	老年活动室		政府为主
教育	小学	按规划设置	市场为主
	幼儿园、托儿所	生均用地面积不低于13m²，生均建筑面积不低于8.8m²	市场为主
医疗卫生	防疫站	宜合并设置，建筑面积不小于100m²，用地面积不小于200m²	政府为主
	计划生育站		政府为主
	卫生院		政府为主
体育活动	体育活动室		政府为主
	村民健身广场	宜合并设置，人均用地面积不小于1m²，用地面积不小于200m²	政府为主
	少儿体育场		政府为主
社会福利与保障	敬老院	设置在安静、环境条件较好的区域	政府为主
	托老所		政府为主

来源：《绵阳市村镇规划管理技术规定（2014版）》。

9.3　川西北典型生态乡村基础设施与公共服务设施规划实践

9.3.1　山地型生态乡村基础设施与公共服务设施规划实践

坝子村位于平武县西南部，锁江羌族乡中西部，村域北面靠近立堡村，东面临近槐窝村，南面临近凤阳村，西面靠近宽坝林场，锁桂路从东向西穿村而过，交通区位条件相对较好，有一定的发展潜力。同时坝子村距离锁江羌族乡场镇 21km，距离豆叩羌族乡场镇 31km，距离平武县 109km，距离江油市 87km，其区位图如图 9-2 所示。

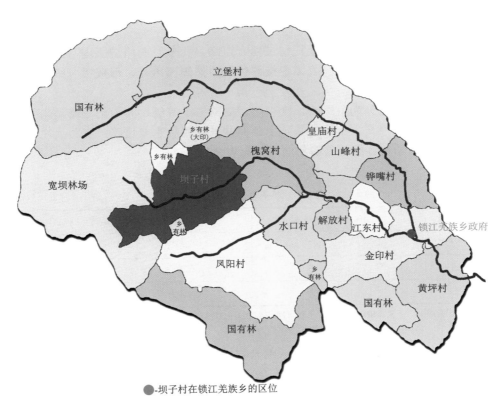

●-坝子村在锁江羌族乡的区位

图 9-2　坝子村区位图

来源：《四川省绵阳市平武县锁江羌族乡坝子村村规划（2021～2035 年）》。

目前，坝子村的公共服务设施和基础设施存在的问题：①现有的公共服务设施能满足村民的基本需求，但是随着社会经济及产业的发展，需要逐步完善公共服务设施体系，提高村民生活水平；旅游配套公共服务设施严重不足，急需配套建设商业、接待服务设施等。②道路建设方面，现有的交通尚不完善，村内断头路较多，且主要道路较窄；道路设施不完善，严重缺乏停车场，给村民出行带来不便。

　　因此，根据坝子村存在的问题，调查了解村民的诉求，通过优化功能布局和整治人居环境，改善乡村生活条件和生态环境，并增加文化、娱乐、休闲、医疗等方面的配套设施。坝子村基础设施规划和公共服务设施规划的具体内容如下。

　　1. 基础设施规划

　　1）道路规划

　　（1）安全性是道路规划设计的前提和基础。任何等级和任何使用性质的道路都必须满足安全要求。道路规划设计应同其他建设密切配合，把道路本身及其附属构造物以及道路周围区域环境看成一个整体，统筹规划，合理布局，使其成为展现道路沿线地域文化和乡村景观的窗口。此外，乡村道路规划应充分利用现有道路，并贯彻保护耕地、节约用地的原则，将山、水、林、田进行综合治理，最大限度地节约用地，尽量避免占用农田。

　　（2）村域道路等级和断面应依托村域现有道路，在原有的路网肌理基础上，采用自由式路网结构，将山体、水系、农田连接，体现自然田园风光，形成"一纵一横一环多支"的格网状交通体系。

　　可将村域内的道路分为主干路、次干路、支路三个等级，其中主干路是用于对外联系的主要道路；次干路在主干路的基础上延伸并且连接各主要道路；支路为生产服务方面的内部道路。坝子村各级道路的断面形式见表9-2。

表9-2　坝子乡道路断面形式

类别	红线宽度/m	断面形式	路面类型
主干路	6	人车混行	水泥路面
次干路	4～6	人车混行	水泥路面
支路	3～4	人车混行	水泥路面

来源：《四川省绵阳市平武县锁江羌族乡坝子村村规划（2021～2035年）》。

　　（3）停车场及错车点。道路规划主要结合村域公共服务设施和景观节点，设置了4处停车场；在主干路与次干路，按照地形，在条件允许的路段设置了错车点，原则上每500m设置一处。

　　2）给水工程规划

　　应充分利用现有条件，改造并完善现有设施，以保障饮水安全，实现合理用水、计划用水、节约用水。给水工程规划应根据乡村的经济水平和管理水平，坚持"以蓄为主，蓄、引、提相结合"的方针及"灌溉、供水、防洪并重"的原则，合理规划给水设施。

　　规划范围内的饮用水水源由高位水池或山泉提供，部分偏远地区须自备水井。规划范围内给水主干管管径为200mm。村域供水保留分区域供水模式，且须满足消防需求，水质要求达到《生活饮用水卫生标准》（GB 5749—2022）中的用水标准。配水管网以枝状、环状相结合的方式布置，枝状管网的末梢应设泄水阀。

　　3）排水工程规划

　　规划采取雨污分流排放机制。雨水排放通过将明渠与暗沟相结合的方式，采取重力自流的排水原则，将雨水就近排入自然水体。近期的生活污水则通过集中式化粪池进行生态化处理，处理结果达标后再排放；而远期的生活污水统一排放至污水处理站，经污水处理站处理达标后方可排放。排水主干管沿村内主干路敷设，管径为 400mm。另外，对于河流及周边堰塘现有的泄洪通道，应依据相关法律法规予以保护。坝子村给排水规划图如图 9-3 所示。

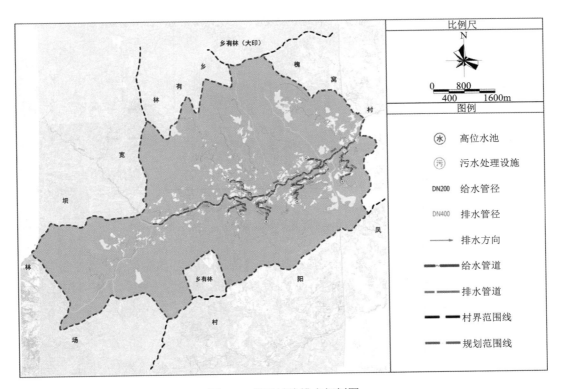

图 9-3　坝子村给排水规划图

来源：《四川省绵阳市平武县锁江羌族乡坝子村村规划（2021～2035 年）》。

　　4）电力工程规划

　　规划区由锁江羌族乡变电所供电，采用树枝状电力网，配电器输出线路电压以 220V 和 380V 为主；采用 10kV 电力线，电力线主要采用架空设计，架空的电力线与建筑物、地面及树木之间的距离须满足相关规范的要求；主变容量为 2×10MVA。坝子村电力工程规划图如图 9-4 所示。

　　5）通信工程规划

　　规划电信网络从锁江羌族乡电信支局接入。沿村域主要道路铺设通信管道，对村域进行信号全覆盖及后续 5G 点位部署。电信线路应便于敷设和检修，宜设置在电力线的另

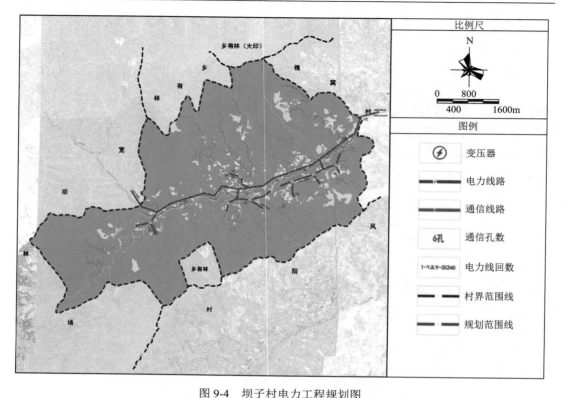

图 9-4　坝子村电力工程规划图

来源:《四川省绵阳市平武县锁江羌族乡坝子村村规划(2021~2035 年)》。

一侧,以防止强弱电的相互干扰。规划范围内电话普及率应达 50%以上,宽带普及率应为 100%,移动电话普及率应达 80%以上,有线电视覆盖率应为 100%。同时应结合村委会和聚居点的位置,设置小型邮政代办点,以开展金融业务、邮政储蓄、代办服务、物流配送等,方便群众使用。

6)燃气工程规划

规划范围内燃气由锁江羌族乡输气管道输送,并沿村内干路布设燃气中压一级输配系统。主干管管径 100mm,并在各用气单位入口设置减压阀。采用低压入户。

7)环卫工程规划

生活垃圾的处理必须遵循"谁产生谁负责""资源化、减量化、无害化""就近处理"的原则。规划范围内采用"户分类、村收集、乡镇转运、县处理"的垃圾处理模式。

户分类:以户为单位进行垃圾分类。每户村民按照要求进行干湿垃圾和有害垃圾分类。

村收集:村内设置保洁员,负责每天将责任区垃圾箱内的垃圾统一收集到固定的垃圾收集站,收集工具采用小型电动车。

乡镇转运:将村内收集的垃圾转运至镇区的垃圾收集站。

县处理:由县环卫部门的垃圾清运车将生活垃圾从垃圾收集站运输至县卫生填埋场进行无害化填埋处理。

坝子村环卫工程规划见表 9-3。

表 9-3　坝子村环卫工程规划

设施	类型	设计原则	建设标准	数量/个
公厕	独立公厕	临近公共开敞空间、党群服务中心及其他人口集中区域	三类以上标准，建设指标为2.0~2.9m²/位，建筑面积不低于35m²	4
果皮箱	固定式	公共服务设施及景观人行道，每80m设置一个	敞口，距离地面80~100cm，最大容积不超过500L	——
垃圾桶	可移动垃圾桶	集中生活区服务半径不超过70m，每几户配置一个垃圾桶	垃圾桶容积240L	——
垃圾收集点	独立式	结合聚居点，方便环卫车辆安全作业	垃圾收集点外围需建设绿化隔离带≥5m	7

来源：《四川省绵阳市平武县锁江羌族乡坝子村村规划（2021~2035年）》。

8）防灾工程规划

（1）抗震工程规划。各类建筑要求采取抗震措施，建筑抗震设防按照《建筑工程抗震设防分类标准》（GB 50223—2008）和《建筑抗震设计规范》（GB 50011—2010）（2016年修订版）执行。建筑抗震设防一般按照8度设防执行，生命线工程和容易发生次生灾害的工程应提高一级设防，即按9度设防，并参照《镇（乡）村建筑抗震技术规程》（JGJ 161—2008）。

（2）防洪规划。乡村居民点均按20年一遇防洪标准设防。雨水排放设施应达到1~3年一遇暴雨重现期的标准，区域除涝设施应达到20年一遇最大24h面雨量标准。另外，应沿清漪江段，统一整治河道，修建堤坝等防洪工程设施，并以河堤为界，在河道两侧划定20m的蓝线，蓝线范围内禁止建设；而蓝线外100m范围为安全控制区，控制区内的建设需要当地政府向河道管理部门请示审批。

（3）地质灾害防治规划。地质灾害防治应坚持以预防为主，避让与治理相结合的原则。地质灾害防治工程应结合地貌特点进行建设，避免深开挖、高切坡、高填方，加强生态环境保护和防洪工程建设；禁止破坏植被，防止水土流失。同时要根据聚居点地质情况，在建设前进行地质灾害评估，避免在溶洞、危岩和易发生滑坡的地段建设。

（4）消防工程规划。各聚居点和产业用地应布设消火栓等设施，并严格按照国家防火规范的规定设置消火栓间距（≤120m）。消火栓应尽量设置在路口或者醒目位置，同时应在重点防火场所设置消防警示标志。另外，应进一步做好乡村消防改造工程，夯实乡村消防基础，确保乡村消防安全。各类建筑防火分区、消火栓间距和消防通道的设置，均应符合乡村建筑防火方面的有关规定。在特大型、大型村庄聚居点（人口规模在600人以上）应规划布置避难区域，并开辟防火隔离带和消防通道，改善消防条件，以消除火灾隐患。防火隔离带宜按每30~50户设置，而呈阶梯式布局的聚居点，应沿坡纵向开辟防火隔离带。

2. 公共服务设施规划

公共服务设施规划应坚持集约用地、功能复合、使用方便、尊重村民意愿的原则，应配置一个公共服务活动中心，配置模式为"1+6"模式，即包括村级组织活动场所和便民服务设施、村民培训设施、文化体育设施、卫生计生设施、综合调解设施、农家购物设施。建议村级公共服务设施结合聚居点的村委会进行集中布置，以方便村民使用。在大型聚居点（人口规模在600人以上）应设置农资店、农产品收购站；建设游客接待中心，设置旅游接待咨询厅、旅游公厕及小型金融网点。

坝子村公共服务设施规划见表9-4，具体规划图如图9-5所示。

表9-4　坝子村公共服务设施规划

设施名称	规模	备注
党群服务中心	占地面积 500～1000m²	综合性服务中心
警务室	建筑面积约 50m²	与党群服务中心合建
综合调解中心	建筑面积约 50m²	与党群服务中心合建
物管用房	建筑面积约 50m²	与党群服务中心合建
村图书馆	建筑面积约 50m²	与党群服务中心合建
村民培训中心	建筑面积 100～150m²	与党群服务中心合建
卫生计生室	建筑面积 40～100m²	与党群服务中心合建
文化活动中心	建筑面积 40～101m²	与党群服务中心合建
健身设施	建筑面积约 50m²	与党群服务中心合建
村史馆	占地面积约 500m²	结合公共广场建设
村图书室	建筑面积 50～100m²	与党群服务中心合建
餐饮娱乐	建筑面积约 100m²	
便民服务中心	建筑面积约 100m²	提供代办、就业、社保等服务，与党群服务中心合建

来源：《四川省绵阳市平武县锁江羌族乡坝子村村规划（2021～2035年）》。

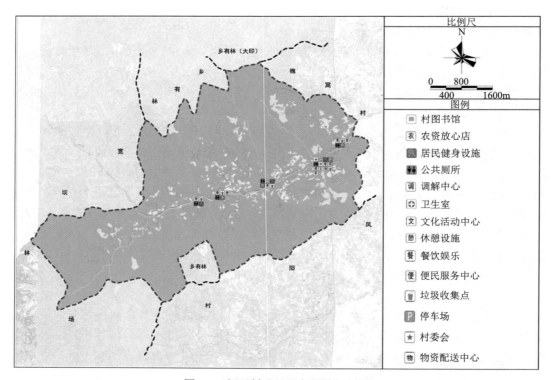

图 9-5　坝子村公共服务设施规划图

来源：《四川省绵阳市平武县锁江羌族乡坝子村村规划（2021～2035年）》。

9.3.2　平坝型生态乡村基础设施与公共服务设施规划实践

厚坝镇位于江油市东北部，东临河口镇及重兴乡，南接小溪坝镇和重华镇，西连文胜乡，北与二郎庙镇接壤，因场镇周围的潼江冲积平坝土质厚实肥沃而得名。文胜村位于厚坝镇北部，距离镇政府所在地约 6.5km，地理坐标为东经 105°01′，北纬 32°01′，村域面积约 7.64km²。其东邻二郎庙镇新桥村，南接厚坝镇香龙村，西连花石村，北与养马峡村相连。文胜村全景如图 9-6 所示。

图 9-6　厚坝镇文胜村全景

来源：《江油市厚坝镇文胜村村规划（2020～2035 年）》。

目前，文胜村的基础设施和公共服务设施配置不完善，且设施服务水平较低，无法满足乡村实际发展需求。根据文胜村存在的问题，且为了满足村民生产生活的需要，结合村域国土空间开发保护与用途管制规定，规划配置文胜村的基础设施和公共服务设施，具体内容如下。

1.　基础设施规划

1）道路交通规划

尽量利用现有道路，降低新建道路成本。结合现有道路，形成完善的道路网系统和道路等级系统。结合居民点的位置，合理选择道路路线，以使每个居民点都有便利快捷的出行条件。将道路分为县道、村道和交通步道三个等级：①县道——沿用现有道路（厚六路和武马路），修缮局部破损路面；②村道——利用现有道路，构建村庄干路，连通村庄各功能区，满足居民的出行需求；③交通步道——作为村庄的辅助道路。另外，结合产业项目建设集中设置两处生态停车场，单个停车场面积不低于 1500m²。

2）给水工程规划

村域饮用水近期由文胜村集中供水设施供给，远期将接入厚坝镇供水管网。村域内有完善的自来水供水管网，供水管网采用地埋式敷设。规划建议积极推广节约用水、高效用水的理念，并将节约用水视为村庄实现社会和经济可持续发展的重要手段；保护水资源，即对村庄内及附近的地表水、地下水资源进行有效保护；防止化肥、农药等的污染；加强供水系统管理，对供水设施、供水管网、阀门阀件等定期检修；定期检验水质，水质要求达到《生活饮用水卫生标准》（GB 5749—2022）中的用水标准。中心安置点处水塔容积应大于 100m³，以满足消防需求。配水管网以枝状、环状相结合的方式布置，尽量合理利用现有配水主管道，使现有配水主管道与规划配水支管道科学衔接。管道推荐选用 PE100 给水管。

3）排水工程规划

规划采用雨污分流排水机制。文胜村地势东高西低，这对雨水排放比较有利。另外，文胜村地表径流量较小，因此，规划提出村庄雨水管网应结合地形尽量采用重力自流原则进行布置，雨水被收集后就近排入文胜河。而污水排放以重力排放为原则，同时根据现有地形设置污水干管，并沿县道设置截污干管，以将污水引至污水处理设施进行处理及排放。

4）电力工程规划

电力来自厚坝镇万寿变电站。电力主干线路一般采用架空敷设，局部有景观要求的地段可采用埋地敷设。对村庄室外公共环境实施亮化工程，以提高村民生活环境质量。在村内主干道路上布设功能性照明路灯，路灯采用节能的 LED 灯，单排设置，间距为 30m 左右，灯具样式应简洁大方。在村民休闲绿地或小广场上布设景观性照明灯具，灯具样式与灯光效果应与周围环境相协调。

5）通信工程规划

推进乡村信息化建设，实施"村村通"工程，以实现通信、广播、电视全覆盖。在文胜村村委会设置弱电设备中心机房电信网络，对原有通信设施进行初步改造，并以弱电设备中心机房为中心，发展光网络系统，同时完善 5G 基站建设，以实现 5G 信号全覆盖。设置小型邮政代办点，开展金融业务、代办服务、物流配送等。

6）燃气工程规划

天然气来自厚坝镇配气站。燃气管道采用无缝钢管或 PE 管，管道最小覆土厚度应达到《四川省城市燃气输配及应用工程设计、安装、验收技术规程》（DBJ 20-03—1988）的要求，不能达到时应采取行之有效的安全防护措施。

7）环卫工程规划

以节约资源、保护环境为目的，有效管理废弃物；推广生活垃圾分类，完善垃圾收运处理机制，提高垃圾综合处理能力。设置垃圾收集点 3 处，将垃圾箱和垃圾池结合设置、分类投放。结合道路及服务需求，在原文胜场镇和相应产业用地设置 3 处公厕，且均为冲水式厕所。

2. 公共服务设施规划

规划配置一个公共服务活动中心，配置模式为"1＋6"模式，即包括村级组织活动场所和便民服务设施、村民培训设施、文化体育中心、卫生计生中心、综合调解设施、农家购物设施。建议村级公共服务设施结合村委会进行集中布置，以方便村民使用。村内沿用现有的文胜小学。在生产及旅游类公共服务设施方面，建议在村委会周边设置农资店和农产品收购站；建设游客接待中心，设置旅游接待咨询厅、旅游公厕、工艺品加工和展示销售厅以及小型金融网点。

文胜村公共服务设施规划见表 9-5。

表 9-5　文胜村公共服务设施规划

设施名称	建设标准	备注
村委会	建筑面积 100～150m²	结合原镇政府改造
老年活动室	建筑面积 50～100m²	结合原镇政府改造
便民服务中心	建筑面积 50～100m²（提供代办、就业、社保服务等）	结合原镇政府改造
卫生服务站	建筑面积 50～100m²（含卫生室、计生服务中心）	原址改造
文化体育中心	建筑面积 50～100m²（含图书室、文化活动室、体育活动室）	原址改造
健身设施	建筑面积 50～100m²	结合聚居点周边空地设置
旅游接待中心	根据市场需求预测面积	结合产业项目新建
农家购物中心	建筑面积 50～200m²（含农家超市、农资店）	结合集中安置点新建
小学	生均占地面积 13～18m²	原址沿用

来源：《江油市厚坝镇文胜村村规划（2020～2035 年）》。

9.3.3　城郊融合型生态乡村基础设施与公共服务设施规划实践

三清观村是四川省绵阳市涪城区吴家镇下辖村，村域面积 1009.07hm²，位于绵阳市中心城区西南部，该村 15min、30min 车程半径内分别可到达绵阳高铁南站（规划中）、绵阳市中心；211 省道贯穿村域南北，交通优势明显。三清观村全景如图 9-7 所示。

图 9-7　吴家镇三清观村

来源：《绵阳市吴家镇三清观村村规划（2021～2035 年）》。

　　三清观村根据多规合一、统筹安排、保护生态、传承文化、优化布局、节约集约、体现民意、突出特色的原则进行了有效的规划，并在规划中明确了以下重点：空间的总体布局应以"管制"和"留白"为主，并引导村庄用地布局；以土地整治及生态修复为基础，推动国土综合性整治；利用新型信息技术，助力乡村房屋建设管理；发展产业时要联动打造现代化农业体系；大力发展乡村经济，振兴乡村产业，促进一二三产业融合发展；缩小城乡差距，完善城乡一体化配套设施建设；以生活污水处理与乡村风貌整治为基础，改善乡村居民居住环境；加强历史文化保护及宣传，塑造乡村特色风貌；以乡村集体利益为主，合理规划使用乡村闲置资产。

　　三清观村目前存在的问题：①道路建设方面，现有的交通网络尚不完善，断头路较多，干道等级偏低，且村内巷道太窄；②公共服务设施方面，现在的公共服务设施能满足村民的基本需求，但旅游配套服务设施严重不足，急需配套建设商业、接待服务设施等。因此，应根据三清观村存在的问题和村民诉求，制定基础设施规划和公共服务设施规划，以改善乡村生产生活条件和生态环境，增加文化、娱乐、休闲、医疗配套设施等，将三清观村建设为产业兴旺、生态宜居的乡村。

1. 基础设施规划

1）道路交通规划

　　以"环状道路、服务全域"为构建思路，三清观村构建了"一环多连"的道路交通体系。充分利用已建好的罗吴路、B02县道、006乡道，打造良好的对外交通环境。在现有的道路肌理基础上进行梳理和完善，并提升道路质量，以使得支路网既能满足游览需求，又能降低游览对村域的干扰。将道路划分为主干路、次干路、支路三级。对村域内的罗吴路、石栏路、圣新路三条主要道路进行黑化处理，并将其作为乡村产业对外发展的通道。以发展乡村旅游和满足生活需要为目的，构建次干路网。新修建支路（含游客观光骑行道）。结合村域公共服务设施和景观节点，设置4处停车场。

　　现已开通乡村公交线路，并规划在综合服务中心等产业集中地、居住集中地设招呼站。

2）给水工程规划

　　规划实现合理用水、计划用水、节约用水。规划区内的用水引自城市供水管网（绵阳水务集团），同时村域范围内规划完善次支供水管网，以满足未来产业发展需求。规划范围内给水主干管管径为200mm。

3）排水工程规划

　　规划采取雨污分流排放机制。雨水排放通过将明渠与暗沟相结合的方式，采取重力自流的排水原则，将雨水就近排入自然水体。生活污水则通过集中式化粪池进行生态化处理，达标后再排放。

　　规划在产业集中、居住集中的区域新建4处地埋式污水处理设施，零散的居民点则采取土壤渗滤的方式进行污水处理。污水排放以重力排放为原则，同时根据现有地形设置污水干管，并沿主要道路设置截污干管，以将污水引至污水处理设施进行处理及排放。

4）电力工程规划

供电线路尽量沿道路布置，并应减少交叉，或穿越道路基础设施等；电力线路与燃气管道、易燃易爆管道不得布置在道路的同侧，并应留有足够的安全防护距离；结合实际情况，采用架空或者埋地布置。村庄近期由吴家镇 35kV 变电站 10kV 出线供电，规划范围内电力主要来自吴家镇变电站。采用树枝状电力网，配电器输出线路以 220V 和 380V 为主。采用 10kV 电力线，电力线主要采用架空设计，景观要求较高的特殊地段、建筑较密集的地区宜采用埋地敷设。

5）通信工程规划

规划电信网络从吴家镇电信支局接入，沿村域主要道路铺设通信管道，对村域进行网络信号全覆盖及后续 5G 点位部署。电信线路应便于敷设和检修，并宜铺设在电力线的另一侧，以防止强弱电的相互干扰。

6）燃气工程规划

规划范围内沿村内干路布设燃气中压一级输配系统，燃气主干管管径 100mm，并在各用气单位入口设置减压阀。采用低压入户。用气类型一般为液化石油气和天然气，电能、太阳能等清洁能源作为补充，同时合理利用沼气能源。

7）环卫工程规划

规划范围内采用"户分类、村收集、乡镇转运、市处理"的垃圾处理模式。

结合村内聚居点和便于运输的位置设置垃圾收集点，以便于将垃圾运往镇区垃圾收集站。依据《农村公共厕所建设与管理规范》（GB/T 38353—2019），村庄公厕须达到三类以上标准。三类公厕厕位建设指标为 2.0～2.9m²/人，公厕建筑面积不低于 35m²。独立式公厕布点宜临近广场、村委会等村庄公共活动场所，以便于使用；附属式公厕布点宜结合游客中心、旅游超市、停车场等旅游设施设置。

8）防灾工程规划

将开敞空间及公共活动场地等，作为抗震避难场所。乡村居民点均按 20 年一遇防洪标准设防。雨水排放设施应达到 1～3 年一遇暴雨重现期的标准，区域除涝设施应达到 20 年一遇最大 24h 面雨量标准。地质灾害防治应坚持以预防为主，避让与治理相结合的原则。地质灾害防治工程应结合地貌特点，避免深开挖、高切坡、高填方，加强生态环境保护和防洪工程建设。禁止破坏植被，防止水土流失。

由于三清观村靠近城区与吴家场镇，吴家场镇内规划有一处普通消防站，其承担整个三清观村的消防任务。另外，综合服务中心、村委会以及其他旅游节点配备有小型消防设施。

2. 公共服务设施规划

规划建议村级公共服务设施结合聚居点的村委会进行集中布置，以方便村民使用。三清观村村委会布置于原观音碑村村委会处。规划建设的设施包含村委会、综合调解中心、警务室、卫生计生中心、文化体育中心、便民服务中心和农家购物中心。其他公共服务设施，如学校等，均与吴家场镇共用。三清观村公共服务设施规划见表 9-6，具体规划图如图 9-8 所示。

表 9-6　三清观村公共服务设施规划

类别	设施名称	规模
管理	居（村）委会	占地面积 100～500m²
	综合调解中心	建筑面积约 50m²
	警务室	建筑面积约 50m²
教育	幼儿园	建筑面积约 200m²
	村民培训中心	建筑面积 100～150m²
医疗卫生	卫生计生中心	建筑面积 40～100m²（含卫生室、计生服务中心）
文化体育	文化体育中心	建筑面积 100～150m²（含图书室、文化活动室、体育活动室）
商业服务	便民服务中心	提供代办、就业、社保等服务，建筑面积 50～100m²
	农家购物中心	建筑面积 50～200m²
生产及旅游	游客接待中心	建筑面积 200m² 左右
	旅游公厕	建筑面积 50m²
	旅游超市	工艺品加工和展示销售厅以及小型金融网点建筑面积 100m²

来源：《绵阳市吴家镇三清观村村规划（2021～2035 年）》。

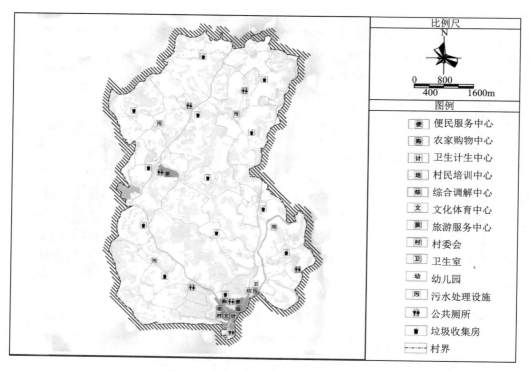

图 9-8　三清观村公共服务设施规划图

来源：《绵阳市吴家镇三清观村村规划（2021～2035 年）》。

参 考 文 献

陈跃鸿，2015. 新型城镇化背景下的生态城市建设探索：以漳州"田园都市，生态之城"建设为例[J]. 福建建筑（2）：14-17，42.

陈蒙杨，2017. 乐清市仙溪镇乡村旅游发展研究[D]. 南昌：江西农业大学.

韩晶，2017. 基于建设控制引导层面的彝良县山区乡村聚落的规划策略研究[D]. 昆明：昆明理工大学.

何蒙蒙，2019. 弱建筑理念在乡村民宿建筑设计中的应用研究[D]. 武汉：湖北工业大学.

李明，2017. 盐边县桐子林镇生态地质环境质量评价[D]. 成都：成都理工大学.

孙闻鹏，何勇海，2021. 雄安新区美丽乡村交通体系发展探究[J]. 中国公路（1）：118-120.

吴晓君，2009. 苏南产业向苏北转移的影响因素与对策研究[D]. 南京：南京农业大学.

武昕，2019. 山西省农村基础设施有效供给研究[D]. 太原：山西财经大学.

谢璐遥，2014. 谢家镇新型城镇化建设发展情况的调查研究[D]. 成都：电子科技大学.

徐云倩，2017. 基于谨慎更新原则的乡村风貌整治规划研究：以陕西省富平县岔口村为例[D]. 西安：西北大学.

杨靖宇，杨红，2008. 镇区给水工程规划中用水量指标探析[J]. 山西建筑（21）：158-159.

杨国霞，苗天青，2013. 城市住区公共设施配套规划的调整思路研究[J]. 城市规划（10）：71-76.

叶红，2015. 珠三角村庄规划编制体系研究[D]. 广州：华南理工大学.

赵栋，2019. 基于建筑类型学下特色村镇设计研究：以绥江渔村设计为例[D]. 长沙：湖南工业大学.

邹秀平，2020. 基于韧性理论的乡村人居环境空间结构认知研究：以崇州市为例[D]. 成都：西南交通大学.

赵苑斯，2021. "农旅融合"背景下的绵阳市安州区红武村规划研究[D]. 绵阳：西南科技大学.